TensorFlow 机器学习项目实战

Building Machine Learning Projects with TensorFlow

[阿根廷] Rodolfo Bonnin 著

姚鹏鹏 译

人 民 邮 电 出 版 社

北 京

图书在版编目（CIP）数据

TensorFlow机器学习项目实战 / (阿根廷) 鲁道夫•保林 (Rodolfo Bonnin) 著 ; 姚鹏鹏译. -- 北京 : 人民邮电出版社, 2017.11
ISBN 978-7-115-46362-3

Ⅰ. ①T… Ⅱ. ①鲁… ②姚… Ⅲ. ①人工智能—算法—研究 Ⅳ. ①TP18

中国版本图书馆CIP数据核字(2017)第218220号

版权声明

◆ 著　　[阿根廷] Rodolfo Bonnin
译　　姚鹏鹏
责任编辑　陈冀康
责任印制　焦志炜

◆ 人民邮电出版社出版发行　北京市丰台区成寿寺路 11 号
邮编　100164　电子邮件　315@ptpress.com.cn
网址　http://www.ptpress.com.cn
北京鑫正大印刷有限公司印刷

◆ 开本：800×1000　1/16
印张：12.75
字数：245 千字　2017 年 11 月第 1 版
印数：1 – 2 400 册　2017 年 11 月北京第 1 次印刷

著作权合同登记号　图字：01-2017-1468 号

定价：49.00 元

读者服务热线：(010)81055410　印装质量热线：(010)81055316

反盗版热线：(010)81055315

广告经营许可证：京东工商广登字 20170147 号

内容提要

TensorFlow 是 Google 所主导的机器学习框架，也是机器学习领域研究和应用的热门对象。

本书主要介绍如何使用 TensorFlow 库实现各种各样的模型，旨在降低学习门槛，并为读者解决问题提供详细的方法和指导。全书共 10 章，分别介绍了 TensorFlow 基础知识、聚类、线性回归、逻辑回归、不同的神经网络、规模化运行模型以及库的应用技巧。

本书适合想要学习和了解 TensorFlow 和机器学习的读者阅读参考。如果读者具备一定的 C++和 Python 的经验，将能够更加轻松地阅读和学习本书。

作者简介

Rodolfo Bonnin 是一名系统工程师，同时也是阿根廷国立理工大学的博士生。他还在德国斯图加特大学进修过并行编程和图像理解的研究生课程。

他从 2005 年开始研究高性能计算，并在 2008 年开始研究和实现卷积神经网络，编写过一个同时支持 CPU 和 GPU 的神经网络前馈部分。最近，他一直在进行使用神经网络进行欺诈模式检测的工作，目前正在使用 ML 技术进行信号分类。

感谢我的妻子和孩子们，尤其感谢他们在我写这本书时表现出的耐心。感谢本书的审稿人，他们让这项工作更专业化。感谢 Marcos Boaglio，他安装调试了设备，以使我能完成这本书。

审稿人简介

Niko Gamulin 是 CloudMondo 的高级软件工程师，CloudMondo 是美国的一家创业公司，在那里他开发并实现了系统的预测行为模型。他曾开发过深度学习模型，用于满足各种应用。2015 年他从卢布尔雅那大学获得电气工程博士学位。他的研究集中在创建流失预测的机器学习模型。

我要感谢我最棒的女儿 Agata，她激励我更多地了解、学习这一过程。同时也要感谢 Ana，她是世界上最好的妻子。

前言

近年来，机器学习已经从科学和理论专家的技术资产转变为 IT 领域大多数大型企业日常运营中的常见主题。

这种现象开始于可用数据量的爆炸：从 2005 年到 2011 年，出现了多种廉价的数据捕获设备（具有集成 GPS、数百万像素相机和重力传感器的手机）以及普及的新型高维数据捕获装置（3D LIDAR 和光学系统，IOT 设备的爆炸等），它们使得访问前所未有的大量信息成为了可能。

此外，在硬件领域，摩尔定律的尽头已经近在咫尺，于是促使大量并行设备的开发，这让用于训练同一模型的数据能够成倍增长。

硬件和数据可用性方面的进步使研究人员能够重新审视先驱者基于视觉的神经网络架构（卷积神经网络等）的工作，将它们用于许多新的问题。这都归功于具备普遍可用性的数据以及强悍的计算能力。

为了解决这些新的问题，机器学习的从业者，创建了许多优秀的机器学习包，如 Keras、Scikyt-learn、Theano、Caffe 和 Torch。它们每个都拥有一个特定的愿景来定义、训练和执行机器学习模型。

2015 年 11 月 9 日，Google 公司进入了机器学习领域，决定开源自己的机器学习框架 TensorFlow，Google 内部许多项目都以此为基础。首次发布的是 0.5 版本，这与其他版本相比有一些缺点，这些在后面讨论。不能运行分布式模型就是其中很突出的一个缺点。

于是，这个小故事带我们来到了今天，TensorFlow 成为了该领域开发人员的主要竞争对手之一。因为使用它的项目数量增加，对于任何数据科学的从业者来说，它作为一个工具箱的重要性正在逐步提高。

在本书中，我们将使用 TensorFlow 库实现各种各样的模型，旨在降低读者的学习门槛，并为解决问题提供详细的方法。

本书包含哪些内容

第 1 章，探索和转换数据，帮助读者理解 TensorFlow 应用程序的主要组件和其包含的主要的数据探索方法。

第 2 章，聚类，告诉你怎样定义相似性标准，并将数据元素分组为不同的类。

第 3 章，线性回归，帮助读者定义第一个数学模型来解释不同的现象。

第 4 章，逻辑回归，是用非常强大而简单的数学函数建模非线性现象的第一步。

第 5 章，简单的前向神经网络，帮助你理解主要组件和神经网络的机制。

第 6 章，卷积神经网络，解释了最近重新发现的一组特殊网络的功能和实际应用。

第 7 章，循环神经网络和 LSTM，详细地解释了这个对时序数据非常有用的框架。

第 8 章，深度神经网络，提供混合类型神经网络的最新发展的概述。

第 9 章，规模化运行模型——GPU 和服务，解释怎样通过将工作划分为协调单元来解决更复杂的问题。

第 10 章，库的安装和其他技巧，涵盖在 Linux、Windows 和 Mac 架构上安装 TensorFlow 的流程，并向你介绍一些有用的代码技巧，可以简化日常任务。

读这本书你需要什么

软件需求（包括版本）	硬件规格	操作系统需求
TensorFlow 1.0，Jupyter Notebook	任何 x86 电脑	Ubuntu Linux 16.04

本书目标读者

本书面向希望机器学习任务的结果更快、更高效的数据分析师、数据科学家和研究人员。对于那些想要寻找一个用 TensorFlow 进行复杂数值计算的清晰指南的人来说，他们会发现本书非常有用。本书也适用于想要在各种场景中应用 TensorFlow 的开发人员。本书期望读者有一些 C++和 Python 的经验。

约定

在本书中，你会发现一些不同的文本样式，用以区别不同种类的信息。下面举例说明。正文中的代码段、数据库表名、文件夹名称、文件名、文件扩展名、路径名、虚拟 URL、用户输入和 Twitter 句柄如下所示："我们可以通过使用 `include` 指令包括其他上下文。"

代码段的格式如下：

```
>>> import tensorflow as tf
>>> tens1 = tf.constant([[[1,2],[2,3]],[[3,4],[5,6]]])
>>> print sess.run(tens1)[1,1,0]
5
```

当我们想提醒你注意代码块的特定部分时，相关的行或部分会加粗显示：

```
>>> import tensorflow as tf
>>> tens1 = tf.constant([[[1,2],[2,3]],[[3,4],[5,6]]])
>>> print sess.run(tens1)[1,1,0]
5
```

命令行输入写成如下的形式：

```
# cp /usr/src/asterisk-addons/configs/cdr_mysql.conf.sample
     /etc/asterisk/cdr_mysql.conf
```

新术语和重要词语以粗体显示。例如，你在屏幕上看到的字，在菜单栏或对话框中，出现在文本中，如下所示："单击**下一步**按钮可以转到下一个界面。"

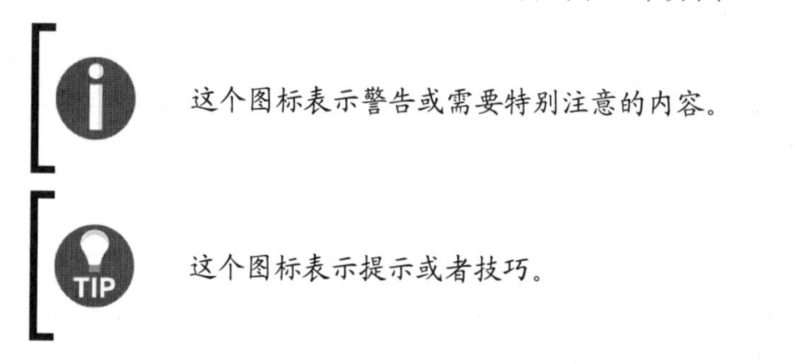

这个图标表示警告或需要特别注意的内容。

这个图标表示提示或者技巧。

读者反馈

欢迎提出反馈。如果你对本书有任何想法，喜欢它什么，不喜欢它什么，请让我们知道。要写出真正对大家有帮助的书，了解读者的反馈很重要。

一般的反馈，请发送电子邮件至 feedback@packtpub.com，并在邮件主题中包含书名。

如果你有某个主题的专业知识，并且有兴趣写成或帮助促成一本书，请参考我们的作者指南 http://www.packtpub.com/authors。

客户支持

现在，你是一位自豪的 Packt 图书的读者，我们会尽全力帮你充分利用你手中的书。

下载示例代码

你可以从异步社区（www.epubit.com.cn）下载本书最新版的示例代码。

当你下载完之后，请确保你使用如下最新版的软件来解压该文件：

- WinRAR / 7-Zip for Windows；
- Zipeg / iZip / UnRarX for Mac；
- 7-Zip / PeaZip for Linux。

本书的代码同时维护于 GitHub 上 https://github.com/PacktPublishing/Building-Machine-Learning-Projects-with-TensorFlow。我们在 https://github.com/PacktPublishing/上维护了很多数据的代码和视频。欢迎查看！

勘误

虽然我们已尽力确保本书内容正确，但错误仍旧在所难免。如果你在我们的书中发现错误，不管是文本还是代码，希望能告知我们，我们不胜感激。这样做可以减少其他读者的困扰，帮助我们改进本书的后续版本。如果你发现任何错误，请访问 http://www.packtpub.com/submit-errata 提交，选择你的书，单击勘误表提交表单的链接，并输入详细说明。勘误一经核实，你的提交将被接受，此勘误将被上传到本公司网站或添加到现有勘误表。从 http://www.packtpub.com/support 选择书名就可以查看现有的勘误表。

如果想要查看已经提交的勘误表，请登录 https://www.packtpub.com/books/content/support 并在搜索框中输入书名，你所查找的信息就会显示在 Errata 部分了。

侵权行为

互联网上的盗版是所有媒体都要面对的问题。Packt 非常重视保护版权和许可证。如果你发现我们的作品在互联网上被非法复制，不管以什么形式，都请立即为我们提供位置地址或网站名称，以便我们可以寻求补救。

请把可疑盗版材料的链接发到 copyright@packtpub.com。非常感谢你帮助我们保护作者，以及保护我们给你带来有价值内容的能力。

问题

如果你对本书内容存有疑问，不管是哪个方面，都可以通过 questions@packtpub.com 联系我们，我们将尽最大努力来解决。

目录

第 1 章
探索和转换数据

TensorFlow 是一个开源软件库，用于使用数据流图进行数值计算。图中的节点表示数学运算，而图边表示在它们之间传递的多维数据数组（张量，tensor）。

该库包括各种功能，使你能够实现和探索用于图像和文本处理的前沿卷积神经网络（CNN）和循环神经网络（RNN）架构。由于复杂计算以图形的形式表示，TensorFlow 可以用作一个框架，使你能够轻松开发自己的模型，并在机器学习领域中使用它们。

它还能够在最不同的环境中运行，从 CPU 到移动处理器，包括高度并行的 GPU 计算，并且新的服务架构能够运行所有命名选项的非常复杂的混合，见表 1-1。

表 1-1　TensorFlow

向量（Tensor）	操作（Operation）
图（Graph）	
运行时(CPU、GPU、移动设备等)	

1.1　TensorFlow 的主要数据结构——张量

TensorFlow 基于张量数据管理。张量是数学领域的概念，并且被开发为向量和矩阵的线性代数项的泛化。

具体到 TensorFlow 中，一个张量就是一个张量类的实例，是绑定了相关运算的一个特定类型的多维数组。

1.1.1　张量的属性——阶、形状和类型

之前已经介绍过，TensorFlow 使用张量数据结构来表征所有的数据。所有的张量都有一个静态的类型和动态的维数。所以你能够实时地改变一个张量的内部结构。

张量的另一个属性就是只有张量类型的对象才能在计算图的节点中传递。

我们开始来讨论张量的其他属性（从此处开始，我们所有说的张量都是 TensorFlow 中的张量对象）。

1. 张量的阶

张量的阶（rank）表征了张量的维度，但是跟矩阵的秩（rank）不一样。它表示张量的维度的质量。

阶为 1 的张量等价于向量，阶为 2 的向量等价于矩阵。对于一个阶为 2 的张量，通过 $t[i, j]$ 就能获取它的每个元素。对于一个阶为 3 的张量，需要通过 $t[i, j, k]$ 进行寻址，以此类推，见表 1-2。

表 1-2 张量的阶

阶	数学实体	代码示例
0	Scalar	scalar = 1000
1	Vector	vector = [2, 8, 3]
2	Matrix	matrix = [[4, 2, 1], [5, 3, 2], [5, 5, 6]]
3	3-tensor	tensor = [[[4], [3], [2]], [[6], [100], [4]], [[5], [1], [4]]]
n	n-tensor	…

在下面这个例子中，我们创建了一个张量，并获取其元素：

```
>>> import tensorflow as tf
>>> tens1 = tf.constant([[[1,2],[2,3]],[[3,4],[5,6]]])
>>> print sess.run(tens1)[1,1,0]
5
```

这个张量的阶是 3，因为该张量包含的矩阵中的每个元素，都是一个向量。

2. 张量的形状

TensorFlow 文档使用三个术语来描述张量的维度：阶（rank），形状（shape）和维数（dimension number）。表 1-3 展示了它们彼此之间的关系。

表 1-3 三者之间的关系

阶	形状	维数	例子
0	[]	0-D	4
1	[D0]	1-D	[2]
2	[D0,D1]	2-D	[6,2]
3	[D0,D1,D2]	3-D	[7,3,2]
n	[D0,D1, …, Dn-1]	n-D	形为[D0, D1, … Dn-1]的张量

图 1-1 的例子中，我们创建了一个三阶张量，并打印出它的形状。

```
>>> import tensorflow as tf
>>> tens1 = tf.constant([[[1,2],[2,3]],[[3,4],[5,6]]])
>>> tens1
<tf.Tensor 'Const:0' shape=(2, 2, 2) dtype=int32>
>>>
```

图 1-1 三阶张量

3. 张量的数据类型

除了维度，张量还有一个确定的数据类型。你可以把表 1-4 中的任意一个类型指派给向量。

表 1-4 张量数据类型

数据类型	Python 类型	描述
DT_FLOAT	tf.float32	32 位浮点型
DT_DOUBLE	tf.float64	64 位浮点型
DT_INT8	tf.int8	8 位有符号整型
DT_INT16	tf.int16	16 位有符号整型
DT_INT32	tf.int32	32 位有符号整型
DT_INT64	tf.int64	64 位有符号整型
DT_UINT8	tf.uint8	8 位无符号整型
DT_STRING	tf.string	可变长度的字节数组，每一个张量元素都是一个字节数组
DT_BOOL	tf.bool	布尔型

1.1.2 创建新的张量

我们既可以创建我们自己的张量，也可以从著名的 Python 库 numpy 中继承。下面的例子中，我们创建了一些 numpy 数组，并对它们进行了简单的数学操作：

```
import tensorflow as tf
import numpy as np
x = tf.constant(np.random.rand(32).astype(np.float32))
y= tf.constant ([1,2,3])
```

1. 从 numpy 数组到 TensorFlow 张量和从 TensorFlow 张量到 numpy 数组

TensorFlow 与 numpy 是可互操作的，通常调用 eval()函数会返回 numpy 对象。该函数可以用作标准数值工具。

我们一定要注意张量对象只是一个操作结果的符号化句柄，所以它并不持有该操作的结果。因此，我们必须使用 eval()方法来获得实际的值。该方法等价于 Session.run(tesnsor_to_eval)。

本例中，我们会创建两个 numpy 数组，并将它们转化成张量：

```
import tensorflow as tf #we import tensorflow
import numpy as np   #we import numpy
sess = tf.Session() #start a new Session Object
x_data = np.array([[1.,2.,3.],
[3.,2.,6.]]) # 2x3 matrix
x = tf.convert_to_tensor(x_data, dtype=tf.float32) #Finally, we create the
#tensor, starting from the fload 3x matrix
```

2. 有用的方法

`tf.convert_to_tensor`：该方法将 Python 对象转化为 tensor 对象。它的输入可以是 tensor 对象、numpy 数组、Python 列表和 Python 标量。

1.1.3　动手工作——与 TensorFlow 交互

与大多数 Python 的模块一样，TensorFlow 允许使用 Python 的交互式控制台。

在图 1-2 中，我们调用 Python 解释器（在终端对话框输入 Python 调用），并创建一个常量类型的张量。然后再次调用它，Python 解释器显示张量的形状和类型。

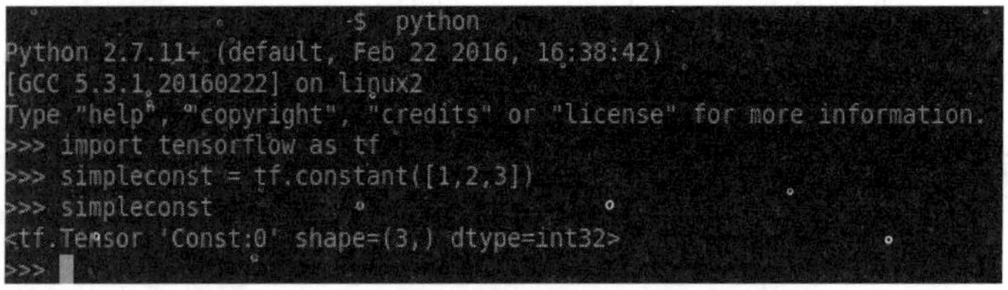

```
-$ python
Python 2.7.11+ (default, Feb 22 2016, 16:38:42)
[GCC 5.3.1 20160222] on linux2
Type "help", "copyright", "credits" or "license" for more information.
>>> import tensorflow as tf
>>> simpleconst = tf.constant([1,2,3])
>>> simpleconst
<tf.Tensor 'Const:0' shape=(3,) dtype=int32>
>>>
```

图 1-2　在 Python 解释器中运行 TensorFlow

我们还可以使用 IPython 解释器，这将允许我们采用一种类似于笔记本式工具的格式，例如 Jupyter，如图 1-3 所示。

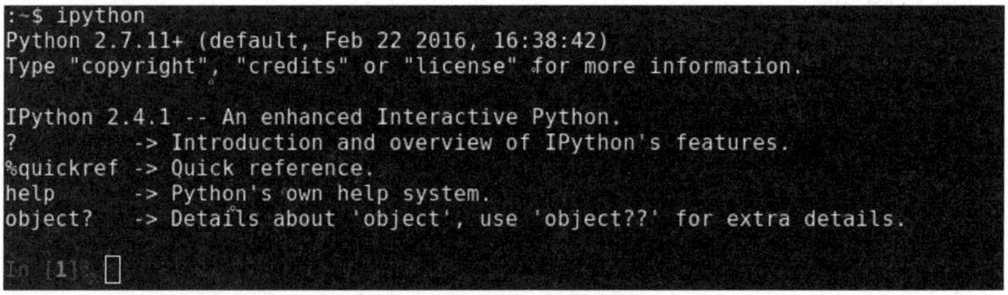

```
:~$ ipython
Python 2.7.11+ (default, Feb 22 2016, 16:38:42)
Type "copyright", "credits" or "license" for more information.

IPython 2.4.1 -- An enhanced Interactive Python.
?         -> Introduction and overview of IPython's features.
%quickref -> Quick reference.
help      -> Python's own help system.
object?   -> Details about 'object', use 'object??' for extra details.

In [1]:
```

图 1-3　IPython 对话框

以交互方式运行 TensorFlow 会话时，我们最好使用 InteractiveSession 对象。

与正常的 tf.Session 类不同，tf.InteractiveSession 类将其自身设置为构建时的默认会话。因此，当你尝试评估张量或运行一个操作时，不必传递一个 Session 对象来指示它所引用的会话。

1.2 处理计算工作流——TensorFlow 的数据流图

TensorFlow 的数据流图（data flow graph）符号化地表示了模型的计算是如何工作的。

简单地说，数据流图是完整的 TensorFlow 计算，如图 1-4 所示。图中的节点（node）表示操作（operation），而边（edge）表示各操作之间流通的数据。

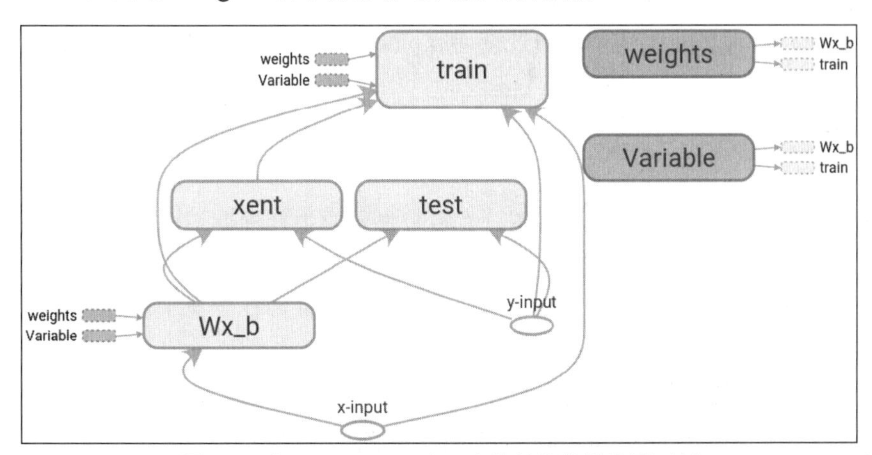

图 1-4 在 TensorBoard 中一个简单的数据流图示例

通常，节点实现数学运算，同时也表示数据或变量的供给（feed），或输出结果。

边描述节点之间的输入/输出关系。这些数据边缘专门传输张量。节点被分配给计算设备，并且一旦其输入边缘上的所有张量都到位，则开始异步地并行执行。

所有的操作（operation）都拥有一个名字，可以表示一个抽象的计算（例如，矩阵求逆或者相乘）。

1.2.1 建立计算图

计算图（computation graph）通常并不需要直接构建 Graph 类对象，而是由用户在创建张量（tensor）和操作（operation）的时候自动创建的。TensorFlow 张量构造函数（如 tf.constant()）将向默认的计算图添加必要的元素。其他 TensorFlow 操作也同样如此。

例如，语句“c = tf.matmul（a，b）”创建一个 MatMul 类型的操作，它接受张量 a 和 b 作为输入，并产生 c 作为输出。

有用的操作对象方法如下：

- tf.Operation.type：返回操作的类型（例如，MatMul）；
- tf.Operation.inputs：返回表示操作的输入张量对象列表；

- tf.Graph.get_operations()：返回计算图中的操作列表；
- tf.Graph.version：返回计算图的版本信息。

1.2.2 数据供给

TensorFlow 还提供了一种将张量直接注入到图内任何操作中的数据供给（feed）机制。

feed 用张量值临时替换操作的输出。将 feed 的数据作为参数传入 run 函数。feed 只在调用它的方法内有效。最常见的用例是，通过使用 tf.placeholder()创建特定的 feed 操作的方法。

1.2.3 变量

在大多数计算中，会多次执行计算图。大多数张量的生存周期不会超过单次执行周期。然而，变量是一种特殊的操作，它返回一个持久的、可变的张量的句柄，存活于多次计算图执行之中。对于 TensorFlow 的机器学习应用，模型的参数通常存储在变量中，并且在运行模型的训练阶段被更新。

初始化变量时，只需以张量作为参数，传入 Variable 对象构造函数中。

在下面例子中，我们用长度为 1000 的零数组初始化一个变量：

```
b = tf.Variable(tf.zeros([1000]))
```

1.2.4 保存数据流图

数据流图是使用 Google 的协议缓存（protocol buffers）编写的，因此可以用各种语言读取。

1．计算图序列化语言——协议缓存

协议缓存（protocol buffers）是一种语言中立、平台中立、可扩展的结构化数据序列化机制。首先定义数据结构，然后使用特定的代码（各种编程语言都可以）读写它。

（1）有用的方法

tf.Graph.as_graph_def(from_version=None, add_shapes=False)：返回一个序列化的计算图表示 GraphDef 。

（2）参数

- from_version：设置该参数，返回的 GraphDef 增加了自本版本后定义的节点。
- add_shapes：如果为真，那么每个节点都增加张量形状。

2. 数据流图构建示例

本例中，我们将构建一个非常简单的数据流图，并观察生成的 protobuffer 文件：

```
import tensorflow as tf
g = tf.Graph()
with g.as_default():
import tensorflow as tf
sess = tf.Session()
W_m = tf.Variable(tf.zeros([10, 5]))
x_v = tf.placeholder(tf.float32, [None, 10])
result = tf.matmul(x_v, W_m)
print g.as_graph_def()
```

生成的 protobuffer（简略后）如下：

```
node {
   name: "zeros"
   op: "Const"
   attr {
     key: "dtype"
     value {
       type: DT_FLOAT
     }
   }
   attr {
     key: "value"
     value {
       tensor {
         dtype: DT_FLOAT
         tensor_shape {
           dim {
             size: 10
           }
           dim {
             size: 5
           }
         }
         float_val: 0.0
       }
     }
   }
}
...
node {
   name: "MatMul"
   op: "MatMul"
   input: "Placeholder"
   input: "Variable/read"
```

```
    attr {
      key: "T"
      value {
        type: DT_FLOAT
      }
    }
...
}
versions {
  producer: 8
}
```

1.3 运行我们的程序——会话

客户端程序通过创建会话（Session）与 TensorFlow 系统交互。Session 对象是运行环境的表示。Session 对象开始为空，当程序员创建不同的操作和张量时，它们将被自动添加到 Session，直到 Run 方法被调用，才开始运算。

Run 方法输入是需要计算的操作，以及一组可选的张量，用来代替图中某些节点的输出。

如果我们调用这个方法，并且有命名操作所依赖的操作，Session 对象将执行所有这些操作，然后继续执行命名操作。

用以下简单的代码可以创建一个会话：

```
s = tf.Session()
```

1.4 基本张量方法

本节中，我们将探讨 TensorFlow 支持的一些基本方法。它们将有利于初步数据探索和为并行计算做准备。

1.4.1 简单矩阵运算

TensorFlow 支持许多常见的矩阵运算，如转置、乘法、获取行列式和逆。

下面简单演示一下怎样使用这些函数。

```
In [1]: import tensorflow as tf
In [2]: sess = tf.InteractiveSession()
In [3]: x = tf.constant([[2, 5, 3, -5],
...:                  [0, 3,-2, 5],
...:                  [4, 3, 5, 3],
...:                  [6, 1, 4, 0]])
```

```
In [4]: y = tf.constant([[4, -7, 4, -3, 4],
...:                     [6, 4,-7, 4, 7],
...:                     [2, 3, 2, 1, 4],
...:                     [1, 5, 5, 5, 2]])
In [5]: floatx = tf.constant([[2., 5., 3., -5.],
...:                          [0., 3.,-2., 5.],
...:                          [4., 3., 5., 3.],
...:                          [6., 1., 4., 0.]])
In [6]: tf.transpose(x).eval() # Transpose matrix
Out[6]:
array([[ 2, 0, 4, 6],
[ 5, 3, 3, 1],
[ 3, -2, 5, 4],
[-5, 5, 3, 0]], dtype=int32)


In [7]: tf.matmul(x, y).eval() # Matrix multiplication
Out[7]:
array([[ 39, -10, -46, -8, 45],
[ 19, 31, 0, 35, 23],
[ 47, 14, 20, 20, 63],
[ 38, -26, 25, -10, 47]], dtype=int32)


In [8]: tf.matrix_determinant(floatx).eval() # Matrix determinant
Out[8]: 818.0


In [9]: tf.matrix_inverse(floatx).eval() # Matrix inverse
Out[9]:
array([[-0.00855745, 0.10513446, -0.18948655, 0.29584351],
[ 0.12958434,  0.12224938, 0.01222495, -0.05134474],
[-0.01955992, -0.18826403, 0.28117359, -0.18092911],
[-0.08557458,  0.05134474, 0.10513448, -0.0415648 ]], dtype=float32)


In [10]: tf.matrix_solve(floatx, [[1],[1],[1],[1]]).eval() # Solve Matrix
system
Out[10]:
array([[ 0.20293398],
[ 0.21271393],
[-0.10757945],
[ 0.02933985]], dtype=float32)
```

1. 约简

约简（reduction）是一种跨维度张量操作，计算结果比原张量缩减一个维度。

支持的操作包括（具有相同的参数）product，minimum，maximum，mean，all，any 和 accumulate_n。

```
In [1]: import tensorflow as tf

In [2]: sess = tf.InteractiveSession()
In [3]: x = tf.constant([[1, 2, 3],
...:                   [3, 2, 1],
...:                   [-1,-2,-3]])
In [4]:

In [4]: boolean_tensor = tf.constant([[True, False, True],
...:                   [False, False, True],
...:                   [True, False, False]])

In [5]: tf.reduce_prod(x, reduction_indices=1).eval() # reduce prod
Out[5]: array([ 6, 6, -6], dtype=int32)

In [6]: tf.reduce_min(x, reduction_indices=1).eval() # reduce min
Out[6]: array([ 1, 1, -3], dtype=int32)

In [7]: tf.reduce_max(x, reduction_indices=1).eval() # reduce max
Out[7]: array([ 3, 3, -1], dtype=int32)

In [8]: tf.reduce_mean(x, reduction_indices=1).eval() # reduce mean
Out[8]: array([ 2, 2, -2], dtype=int32)

In [9]: tf.reduce_all(boolean_tensor, reduction_indices=1).eval() # reduce
all
Out[9]: array([False, False, False], dtype=bool)

In [10]: tf.reduce_any(boolean_tensor, reduction_indices=1).eval() # reduce
any
Out[10]: array([ True, True, True], dtype=bool)
```

2．张量分割

张量分割是张量一个维度减小的过程，并且所得到的元素由索引行确定，如图 1-5 所示。如果索引行中的某些元素重复，则对拥有重复索引的索引进行操作。

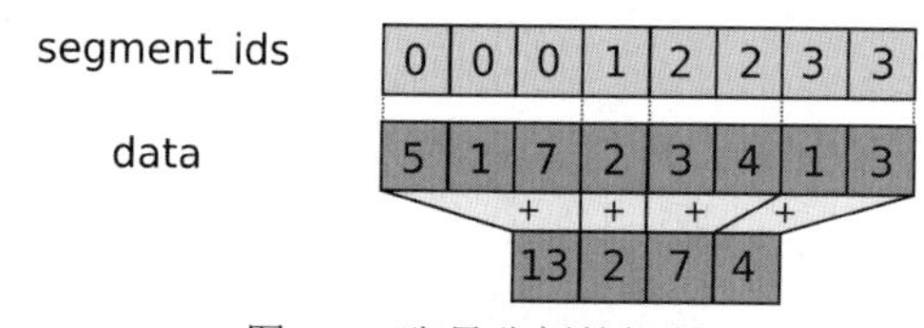

图 1-5 张量分割的解释

索引数组大小应该与索引数组的维度 0 的大小相同，并且它们必须增加 1。

```
In [1]: import tensorflow as tf
In [2]: sess = tf.InteractiveSession()
In [3]: seg_ids = tf.constant([0,1,1,2,2]); # Group indexes : 0|1,2|3,4
In [4]: tens1 = tf.constant([[2, 5, 3, -5],
```

```
...:                    [0, 3,-2, 5],
...:                    [4, 3, 5, 3],
...:                    [6, 1, 4, 0],
...:                    [6, 1, 4, 0]]) # A sample constant matrix

In [5]: tf.segment_sum(tens1, seg_ids).eval() # Sum segmentation
Out[5]:
array([[ 2, 5, 3, -5],
[ 4, 6, 3, 8],
[12, 2, 8, 0]], dtype=int32)

In [6]: tf.segment_prod(tens1, seg_ids).eval() # Product segmentation
Out[6]:
array([[ 2, 5, 3, -5],
[ 0,  9, -10, 15],
[ 36, 1, 16,  0]], dtype=int32)

In [7]: tf.segment_min(tens1, seg_ids).eval() # minimun value goes to group
Out[7]:
array([[ 2, 5, 3, -5],
[ 0, 3, -2, 3],
[ 6, 1, 4, 0]], dtype=int32)

In [8]: tf.segment_max(tens1, seg_ids).eval() # maximum value goes to group
Out[8]:
array([[ 2, 5, 3, -5],
[ 4, 3, 5, 5],
[ 6, 1, 4, 0]], dtype=int32)

In [9]: tf.segment_mean(tens1, seg_ids).eval() # mean value goes to group
Out[9]:
array([[ 2, 5, 3, -5],
[ 2, 3, 1, 4],
[ 6, 1, 4, 0]], dtype=int32)
```

1.4.2 序列

序列实用程序包括诸如 argmin 和 argmax（显示维度的最小和最大值），listdiff（显示列表之间的交集的补码），where（显示张量上的真实值的索引）和 unique（在列表上去除重复的元素）。

```
In [1]: import tensorflow as tf
In [2]: sess = tf.InteractiveSession()
In [3]: x = tf.constant([[2, 5, 3, -5],
...:                  [0, 3,-2, 5],
...:                  [4, 3, 5, 3],
...:                  [6, 1, 4, 0]])
```

```
In [4]: listx = tf.constant([1,2,3,4,5,6,7,8])
In [5]: listy = tf.constant([4,5,8,9])

In [6]:

In [6]: boolx = tf.constant([[True,False], [False,True]])

In [7]: tf.argmin(x, 1).eval() # Position of the maximum value of columns
Out[7]: array([3, 2, 1, 3])

In [8]: tf.argmax(x, 1).eval() # Position of the minimum value of rows
Out[8]: array([1, 3, 2, 0])

In [9]: tf.listdiff(listx, listy)[0].eval() # List differences
Out[9]: array([1, 2, 3, 6, 7], dtype=int32)

In [10]: tf.where(boolx).eval() # Show true values
Out[10]:
array([[0, 0],
[1, 1]])

In [11]: tf.unique(listx)[0].eval() # Unique values in list
Out[11]: array([1, 2, 3, 4, 5, 6, 7, 8], dtype=int32)
```

1.4.3 张量形状变换

这些类型的函数与矩阵形状相关。它们用于调整不匹配的数据结构，并快速获取数据张量的信息。这对于运行时决定处理策略时很有用。

在下面的例子中，我们将从二阶张量开始，并打印一些关于它的信息。然后我们将探讨修改矩阵的操作（添加或删除维度），例如 squeeze 和 expand_dims。

```
In [1]: import tensorflow as tf
In [2]: sess = tf.InteractiveSession()
In [3]: x = tf.constant([[2, 5, 3, -5],
...:                  [0, 3,-2, 5],
...:                  [4, 3, 5, 3],
...:                  [6, 1, 4, 0]])

In [4]: tf.shape(x).eval() # Shape of the tensor
Out[4]: array([4, 4], dtype=int32)

In [5]: tf.size(x).eval() # size of the tensor
Out[5]: 16

In [6]: tf.rank(x).eval() # rank of the tensor
Out[6]: 2
```

```
In [7]: tf.reshape(x, [8, 2]).eval() # converting to a 10x2 matrix
Out[7]:
array([[ 2, 5],
[ 3, -5],
[ 0, 3],
[-2, 5],
[ 4, 3],
[ 5, 3],
[ 6, 1],
[ 4, 0]], dtype=int32)

In [8]: tf.squeeze(x).eval() # squeezing
Out[8]:
array([[ 2, 5, 3, -5],
[ 0, 3, -2, 5],
[ 4, 3, 5, 3],
[ 6, 1, 4, 0]], dtype=int32)

In [9]: tf.expand_dims(x,1).eval() #Expanding dims
Out[9]:
array([[[ 2, 5, 3, -5]],
[[ 0, 3, -2, 5]],
[[ 4, 3,  5, 3]],
[[ 6, 1,  4, 0]]], dtype=int32)
```

对于一个很大的数据集，我们可能并不需要全部的信息。这时候我们可以使用张量的切片（slicing）和连接（joining）。这样我们能够节省下很多不必要的内存开销。

在以下示例中，我们将提取矩阵切片、拆分、添加填充（add padding），以及打包（pack）和解包（unpack）行。

```
In [1]: import tensorflow as tf
In [2]: sess = tf.InteractiveSession()
In [3]: t_matrix = tf.constant([[1,2,3],
...:                         [4,5,6],
...:                         [7,8,9]])
In [4]: t_array = tf.constant([1,2,3,4,9,8,6,5])
In [5]: t_array2= tf.constant([2,3,4,5,6,7,8,9])

In [6]: tf.slice(t_matrix, [1, 1], [2,2]).eval() # cutting an slice
Out[6]:
array([[5, 6],
[8, 9]], dtype=int32)

In [7]: tf.split(0, 2, t_array) # splitting the array in two
Out[7]:
[<tf.Tensor 'split:0' shape=(4,) dtype=int32>,
<tf.Tensor 'split:1' shape=(4,) dtype=int32>]

In [8]: tf.tile([1,2],[3]).eval() # tiling this little tensor 3 times
```

```
Out[8]: array([1, 2, 1, 2, 1, 2], dtype=int32)

In [9]: tf.pad(t_matrix, [[0,1],[2,1]]).eval() # padding
Out[9]:
array([[0, 0, 1, 2, 3, 0],
[0, 0, 4, 5, 6, 0],
[0, 0, 7, 8, 9, 0],
[0, 0, 0, 0, 0, 0]], dtype=int32)

In [10]: tf.concat(0, [t_array, t_array2]).eval() #concatenating list
Out[10]: array([1, 2, 3, 4, 9, 8, 6, 5, 2, 3, 4, 5, 6, 7, 8, 9],
dtype=int32)

In [11]: tf.pack([t_array, t_array2]).eval() # packing
Out[11]:
array([[1, 2, 3, 4, 9, 8, 6, 5],
[2, 3, 4, 5, 6, 7, 8, 9]], dtype=int32)

In [12]: sess.run(tf.unpack(t_matrix)) # Unpacking, we need the run method
to view the tensors
Out[12]:
[array([1, 2, 3], dtype=int32),
array([4, 5, 6], dtype=int32),
array([7, 8, 9], dtype=int32)]

In [13]: tf.reverse(t_matrix, [False,True]).eval() # Reverse matrix
Out[13]:
array([[3, 2, 1],
[6, 5, 4],
[9, 8, 7]], dtype=int32)
```

1.4.4 数据流结构和结果可视化——TensorBoard

可视化汇总信息是任何一个数据科学家工具箱的重要组成部分。

TensorBoard 是一个软件实用程序，它支持数据流图的图形表示，还可以在仪表板（dashboard）上解释结果。它的数据通常来自日志数据，如图 1-6 所示。

可以将图的所有张量和操作信息写入日志。TensorBoard 会从日志信息中分析这些数据，并将其以图形的方式呈现给用户。TensorBoard 可以在会话运行的过程中查看。

想要启动 TensorBoard，可使用如图 1-7 所示的命令行。

1. TensorBoard 怎样工作

我们构建的每个计算图，TensorFlow 都有一个实时记录机制，以便保存模型拥有的几乎所有信息。

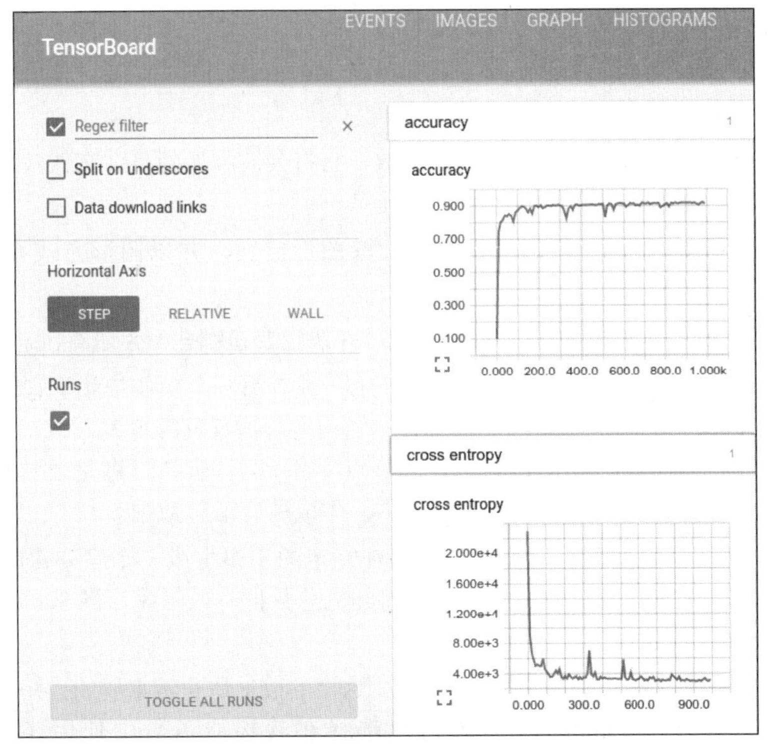

图 1-6　TensorBoard GUI

```
~$
~$ tensorboard -h
usage: tensorboard [-h] [--logdir LOGDIR] [--debug [DEBUG]] [--nodebug]
                   [--host HOST] [--port PORT]
```

图 1-7　启动 TensorBoard

然而，模型构建器必须考虑到有些信息的维度甚至高达上百维，以便稍后用作分析工具。为了保存所有必需的信息，TensorFlow API 使用数据输出对象，称为汇总（summaries）。

这些汇总将结果写入 TensorFlow 事件文件（event file），该文件收集会话运行期间生成的所有必需数据。在图 1-8 中，我们将直接在生成的事件日志目录上运行 TensorBoard。

```
:/tmp/mnist_logs$ tensorboard --logdir=. --port=8000
Starting TensorBoard  on port 8000
(You can navigate to http://0.0.0.0:8000)
```

图 1-8　运行 TensorBoard

（1）添加汇总节点

TensorFlow 会话中的汇总，都是由 SummaryWriter 对象写入。此方法的函数名为：

```
tf.train.SummaryWriter. init (logdir, graph_def=None)
```

该方法将在参数的路径中创建一个 SummaryWriter 和一个事件文件。

SummaryWriter 的构造函数将在 logdir 目录中创建一个新的事件文件。当你调用以下方法（add_summary()、add_session_log()、add_event()或 add_graph()）的时候，该事件文件将会添加一个 Event 类型的协议缓存。

如果将 graph_def 协议缓存传递给构造函数，它将会被添加到事件文件（这等效于稍后调用 add_graph()）。

当运行 TensorBoard 时，它将从文件中读取图形定义，并以图形方式显示，以便与其交互。

首先，创建想要汇总数据的 TensorFlow 图，并决定要在哪些节点进行汇总操作。

TensorFlow 中的操作只有在你运行它们的时候，或者另一个操作依赖于它的输出的时候才运行。我们刚刚创建的汇总节点是图形的外设：当前运行的任何操作都不取决于它们。因此，要生成汇总，我们需要运行所有这些汇总节点。手动管理它们将是乏味的，因此使用 tf.merge_all_summaries 将它们组合到单个操作中，生成所有汇总数据。

然后，你可以运行合并的汇总操作，这将在特定的步骤生成一个序列化的汇总协议缓存（protobuf）对象与所有的汇总数据。最后，要将此汇总数据写入磁盘，将 Summary protobuf 传递给 tf.train.SummaryWriter。

SummaryWriter 在其构造函数中使用 logdir，这个 logdir 是非常重要的，所有的事件都会被写入这个目录。此外，SummaryWriter 可以选择在其构造函数中使用 GraphDef。如果 SummaryWriter 接收到一个 GraphDef，那么 TensorBoard 也将可视化你的数据流图。

现在你已经改动了图表并拥有一个 SummaryWriter，那就可以开始运行网络了！如果需要，你可以每一步运行合并汇总，并记录大量训练数据。但是这样容易造成数据过多，所以比较合适的方法是每 *n* 步执行合并汇总操作。

（2）常见汇总操作

这是不同的汇总类型的列表，和它们构造函数的参数：

- tf.scalar_summary (tag, values, collections=None, name=None)
- tf.image_summary (tag, tensor, max_images=3, collections=None, name=None)
- tf.histogram_summary (tag, values, collections=None, name=None)

（3）特殊汇总功能

这些是特殊汇总函数，用于合并不同操作的值：

- tf.merge_summary (inputs, collections=None, name=None)
- tf.merge_all_summaries (key='summaries')

最后，作为可视化的一个辅助，TensorBoard 中使用各种图标表示不同的操作或者变量。这里有一个节点符号表，见表 1-5。

表 1-5 节点符号表

图标	含义
	高级节点表示名称域。双击展开高级节点
	彼此未连接的编号节点的顺序
	彼此连接的编号节点的顺序
	单个操作节点
	常数节点
	汇总节点
	表示操作之间的数据流
	表示操作之间的控制依赖
	表示输出操作节点可以突变输入张量

2. 与 TensorBoard 的 GUI 交互

通过平移和缩放使用计算图。单击并拖动即可平移，使用滚动手势可以进行缩放。双击一个节点，或单击其“+”按钮，可展开代表一组操作的名称域，如图 1-9 所示。为了在缩放和平移时轻松跟踪当前视点，右下角有一个缩略图。

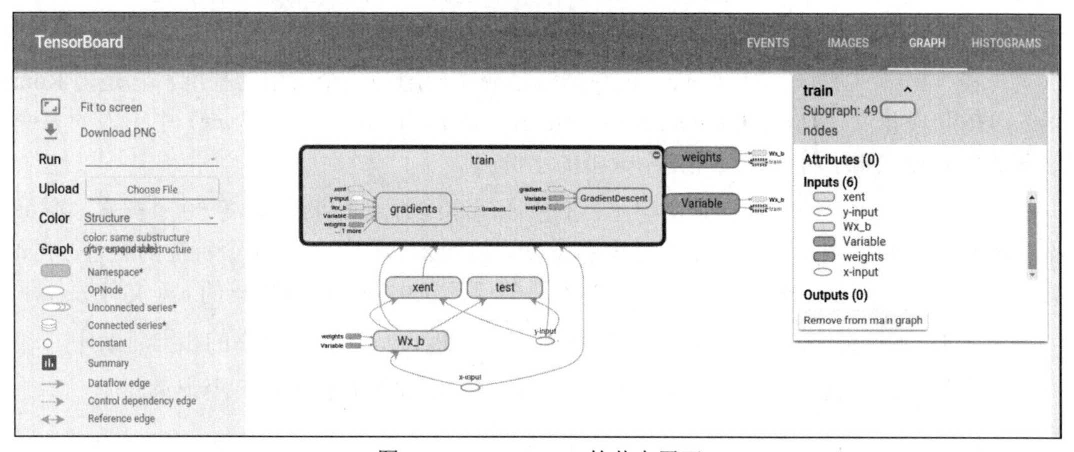

图 1-9 TensorBoard 的节点展开

要关闭打开的节点，可再次双击它，或单击它的“–”按钮。你也可以单击一次以选择节点，节点将变成更暗的颜色，详细信息和连接的节点将出现在 TensorBoard 右上角的信息卡中。

选择对于 high-degree 节点的理解也很有帮助，选择任意节点，则与它的其余连接的相应节点也会被选中，这使得在进行例如查看哪一个节点是否已保存等操作时非常容易。

单击详情卡片中的一个节点名称时会选中该节点，必要的话，视角会自动平移以使该节点可见。

最后，使用图例上方的颜色菜单，你可以给你的图表选择两个颜色配色方案。默认的结构视图下，当两个 high-level 节点颜色一样时，其会以相同的彩虹色彩出现，而结构唯一的节点颜色是灰色。还有一个视图则展示了不同的操作运行于什么设备之上。名称域被恰当地根据其中的操作节点的设备来按比例着色。

1.5 从磁盘读取信息

TensorFlow 可以读取许多常用的标准格式，包括大家耳熟能详的 CSV、图像文件（JPG 和 PNG 格式）和标准 TensorFlow 格式。

1.5.1 列表格式——CSV

为了读 CSV 格式，TensorFlow 构建了自己的方法。与其他库（如 pandas）相比，读取一个简单的 CSV 文件的过程有点复杂。

读取 CSV 文件需要几个准备步骤。首先，我们必须创建一个文件名队列对象与我们将使用的文件列表，然后创建一个 TextLineReader。使用此行读取器，剩余的操作将是解码 CSV 列，并将其保存于张量。如果我们想将同质数据混合在一起，可以使用 pack 方法。

鸢尾花（Iris）数据集或 Fisher's Iris 数据集是分类问题的一个常用的基准。它是由 Ronald Fisher 1936 年在论文《*The use of multiple measurements in taxonomic problems*》中引入的多变量数据集。Ronald Fisher 用其做线性判别分析的示例。

数据集包括 3 种鸢尾（分别是山鸢尾、变色鸢尾和维吉尼亚鸢尾），各 50 个样本。在每个样品中测量 4 个特征：萼片和花瓣的长度和宽度，以厘米计。基于这 4 个特征的组合，Fisher 开发了线性判别模型来区分物种（你可以在本书的代码包中获取此数据集的.csv 文件）。

为了读取 CSV 文件，首先下载下来，并将其放在 Python 可执行文件的相同目录中。

在下面的代码示例中，我们将从知名的 Iris 数据库中读取并打印前 5 个记录。

```
import tensorflow as tf
sess = tf.Session()
filename_queue = tf.train.string_input_producer(
tf.train.match_filenames_once("./*.csv"),
shuffle=True)
reader = tf.TextLineReader(skip_header_lines=1)
```

```
key, value = reader.read(filename_queue)
record_defaults = [[0.], [0.], [0.], [0.], [""]]
col1, col2, col3, col4, col5 = tf.decode_csv(value,
record_defaults=record_defaults) # Convert CSV records to tensors. Each
#column maps to one tensor.
features = tf.pack([col1, col2, col3, col4])


tf.initialize_all_variables().run(session=sess)
coord = tf.train.Coordinator()
threads = tf.train.start_queue_runners(coord=coord, sess=sess)


for iteration in range(0, 5):
 example = sess.run([features])
 print(example)
 coord.request_stop()
 coord.join(threads)
```

输出如图 1-10 所示。

```
[array([ 5.0999999 ,  3.5       ,  1.39999998,  0.2       ], dtype=float32)]
[array([ 4.9000001 ,  3.        ,  1.39999998,  0.2       ], dtype=float32)]
[array([ 4.69999981,  3.20000005,  1.29999995,  0.2       ], dtype=float32)]
[array([ 4.5999999,  3.0999999,  1.5       ,  0.2       ], dtype=float32)]
[array([ 5.        ,  3.5999999 ,  1.39999998,  0.2       ], dtype=float32)]
```

图 1-10 输出

1.5.2 读取图像数据

TensorFlow 能够以图像格式导入数据，这对于面向图像的模型非常有用，因为这些模型的输入往往是图像。TensorFlow 支持的图像格式是 JPG 和 PNG，程序内部以 uint8 张量表示，每个图像通道一个二维张量，如图 1-11 所示。

图 1-11 样例图形

1.5.3 加载和处理图像

本例中，我们会加载一个样例图像，并对其进行一些处理，最后将其保存。

```
import tensorflow as tf
sess = tf.Session()
filename_queue =
tf.train.string_input_producer(tf.train.match_filenames_once("./blue_jay.jp
g"))
reader = tf.WholeFileReader()
key, value = reader.read(filename_queue)
image=tf.image.decode_jpeg(value)
flipImageUpDown=tf.image.encode_jpeg(tf.image.flip_up_down(image))
flipImageLeftRight=tf.image.encode_jpeg(tf.image.flip_left_right(image))
tf.initialize_all_variables().run(session=sess)
coord = tf.train.Coordinator()
threads = tf.train.start_queue_runners(coord=coord, sess=sess)
example = sess.run(flipImageLeftRight)
print example
file=open ("flippedUpDown.jpg", "wb+")
file.write (flipImageUpDown.eval(session=sess))
file.close()
file=open ("flippedLeftRight.jpg", "wb+")
file.write (flipImageLeftRight.eval(session=sess))
file.close()
```

打印示例行将逐行汇总显示图像中 RGB 值，如图 1-12 所示。

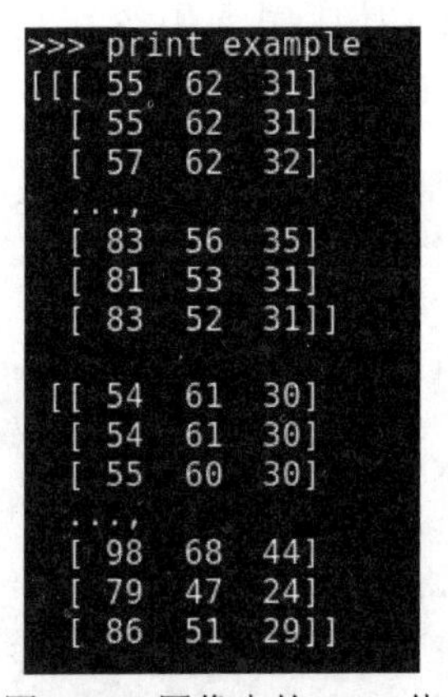

图 1-12 图像中的 RGB 值

最终的图片如图 1-13 所示。

图 1-13 原始图像和转变后的图像对比（向上翻转和向左翻转）

1.5.4 读取标准 TensorFlow 格式

另一种方法是将任意数据转换为 TensorFlow 官方格式。这种方法将简化混合或者匹配数据集与网络结构。

你可以编写一个小程序，获取你的数据，将它填充到一个示例协议缓存，序列化协议缓存成一个字符串，然后使用 tf.python_io.TFRecordWriter 类将该字符串写入一个 TFRecords 文件。

要读取 TFRecords 的文件，可以使用 tf.TFRecordReader 的 tf.parse_single_example 解析器。parse_single_example 操作将示例协议缓存解析为张量。

1.6 小结

在本章中，我们学习了 TensorFlow 的主要数据结构和简单操作，并简要介绍了计算图的各个部分。

这些操作将是后续章节的基础。数据科学家可以根据当前数据的整体特性，决定使用简单的模型，或者是使用更复杂的工具。

在下一章中，我们将开始构建和运行计算图，并将使用本章中介绍的一些方法解决问题。

第2章 聚类

在本章中，我们将会使用上一章节学习的数据转化操作，并且使用聚类（clustering）技术，从给定的数据中发掘有趣的模式，将数据分组。

在处理过程中，我们将会用到两个新的工具，scikit-learn 和 matplotlib 库。其中 scikit-learn 库能够生成特定结构的数据集，而 matplotlib 库可以对数据和模型作图。

本章包含如下主题：

- 理解聚类的概念和原理，并将其与分类（classification）比较；
- 使用 scikit-learn 库生成数据集，并使用 matplotlib 库生成专业化的图表；
- 实现 k 均值聚类算法；
- 实现 k 最近邻算法，并将其与 k 均值比较。

2.1 从数据中学习——无监督学习

本章中，我们会学习两个无监督学习（unsupervised learning）的例子。

无监督学习可以从给定的数据集中找到感兴趣的模式（pattern）。无监督学习，一般不给出模式的相关信息。所以，无监督学习算法需要自动探索信息是怎样组成的，并识别数据中的不同结构。

2.2 聚类的概念

对于没有标签（unlabeled）的数据，我们首先能做的，就是寻找具有相同特征的数据，将它们分配到相同的组。

为此，数据集可以分成任意数量的段（segment），其中每个段都可以用它的成员的质量中心（质心，centroid）来替代表示。

为了将不同的成员分配到相同的组中，我们需要定义一下，怎样表示不同元素之间的距离（distance）。在定义距离之后，我们可以说，相对于其他的质心，每个类成员都更靠近自己所在类的质心。

在图 2-1 中，我们可以看到典型的聚类算法的结果和聚类中心的表示。

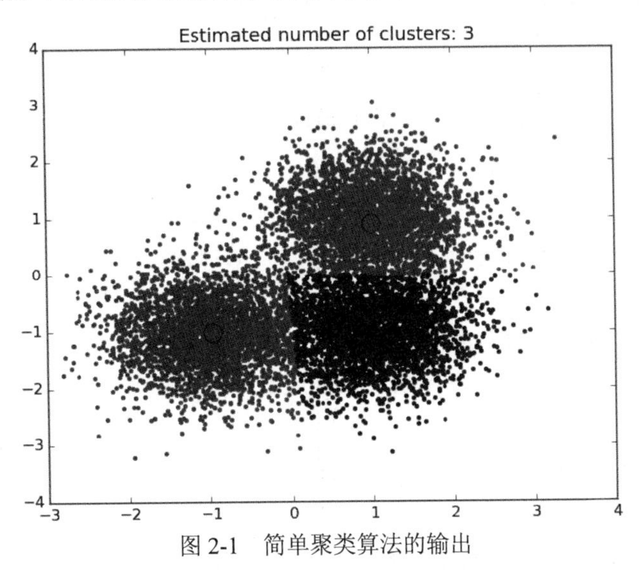

图 2-1 简单聚类算法的输出

2.3 k 均值

k 均值（k-means）是一种常见的聚类算法，并且比较容易实现。它非常直接，一般是用于分析数据的第一步。经过该处理，我们能够得到一些关于数据集的先验知识。

2.3.1 k 均值的机制

k 均值算法试图将给定的数据分割为 k 个不相交的组（group）或者簇（cluster），每个簇的指标就是该组所有成员的均值。这个点通常称为质心，指具有相同名称的算术实体，并且可以被表示为任意维度中的向量。

k 均值是一个朴素的方法，因为它在不知道簇的数量的前提下，寻找合适的质心。

要想知道多少个簇能够比较好地表示给定数据，一个常用的方法是 Elbow 方法。

2.3.2 算法迭代判据

此方法的判据和目标是最小化簇成员到包含该成员的簇的实际质心的平方距离的总和。这也称为惯性最小化，k 均值的损失函数如下：

$$\sum_{i=0}^{n}\lim_{\mu,j\in C}\left(\left\|x_j-\mu_i\right\|^2\right)$$

2.3.3 k 均值算法拆解

k 均值算法的机制可以由图 2-2 所示的流程图展示。

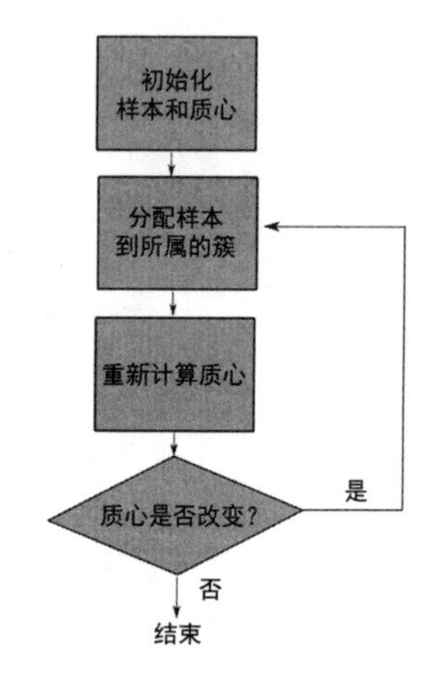

图 2-2 k 均值流程简单流程图

算法流程可以简化如下。

① 对于未分类的样本，首先随机以 k 个元素作为起始质心。为了简洁，也可以简化该算法，取元素列表中的前 k 个元素作为质心。

② 计算每个样本跟质心的距离，并将该样本分配给距离它最近的质心所属的簇，重新计算分配好后的质心。从图中，你能看到质心在像真正的质心移动。

③ 在质心改变之后，它们的位移将引起各个距离改变，因此需要重新分配各个样本。

④ 在停止条件满足之前，不断重复第二步和第三步。

可以使用不同类型的停止条件。

- 我们可以选择一个比较大的迭代次数 N，这样我们可能会遭遇一些冗余的计算。也可以选择 N 小一些，但是在这种情况下，如果本身质点不稳定，收敛过程慢，那么我们得到的结果就不能让人信服。这种停止条件也可以用作最后的手段，以防我们有一个非常漫长的迭代过程。
- 另外还有一种停止条件。如果已经没有元素从一个类转移到另一个类，意味着迭代的结束。

k 均值示意图如图 2-3 所示。

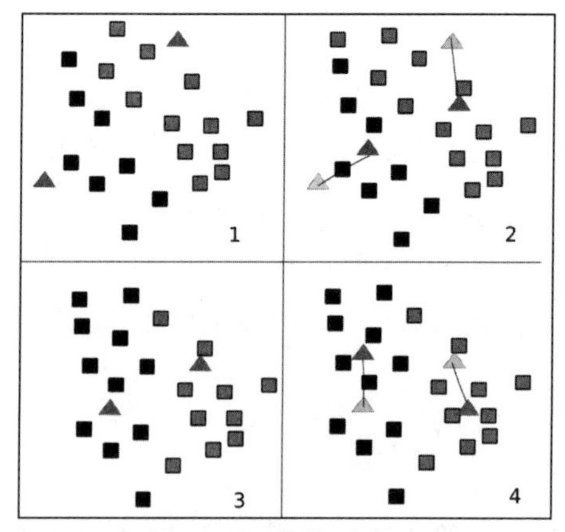

图 2-3 k 均值示意图

2.3.4　k 均值的优缺点

该方法的优点：

- 扩展性很好（大部分的计算都可以并行计算）；
- 应用范围广。

但是简单是有成本的（没有银弹规则）：

- 它需要先验知识（可能的聚类的数量应该预先知道）；
- 异常值影响质心的结果，因为算法并没有办法剔除异常值；
- 由于我们假设该图是凸的和各向同性的，所以对于非圆状的簇，该算法表现不是很好。

2.4　k 最近邻

k 最近邻（k-nearest neighbors，简写为 k-nn）是一种简单而经典的聚类方法。该方法只需查看周围点的类别信息，并且假设所有的样本都属于已知的类别。其流程图如图 2-4 所示，示意图如图 2-5 所示。

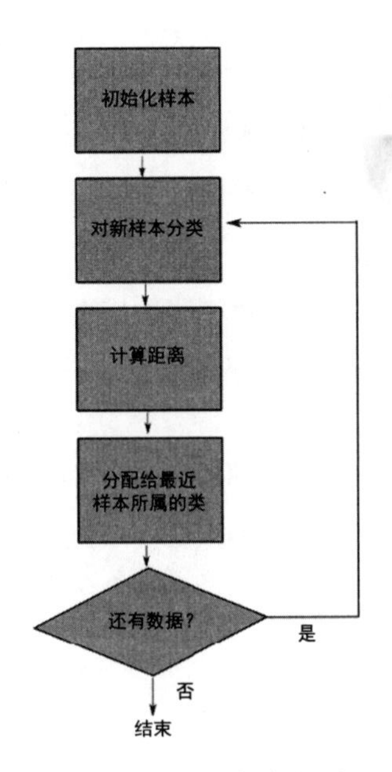

图 2-4　k 最近邻流程图

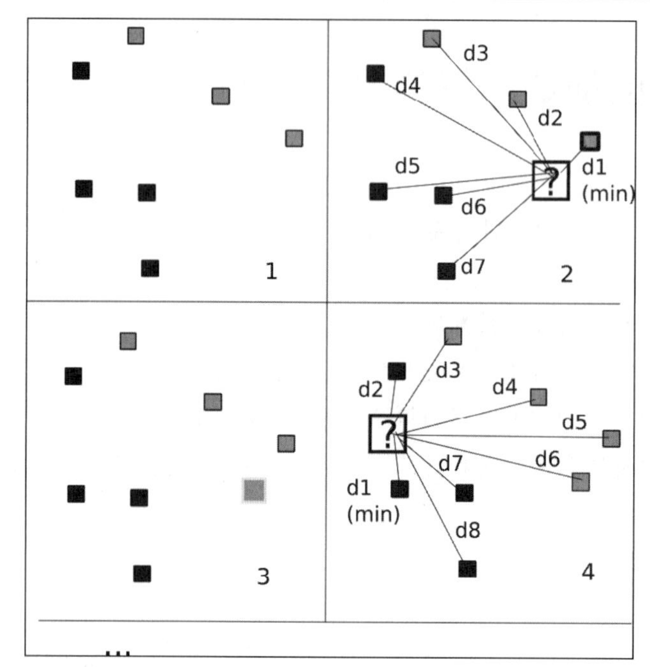

图 2-5 k-nn 示意图

2.4.1 k 最近邻算法的机制

k-nn 有多种实现方式，本章中我们会使用半监督（Semi Supervised）方式。我们有一个训练集，它已经有了类别信息，随后我们猜测给定样本所该具有的类别信息。

在图 2-4 中，我们可以看到算法的步骤分解。可以通过以下步骤概括：

① 设定训练集的数据类别信息。

② 然后读取下一个要分类的样本，并计算从新样本到训练集的每个样本的欧几里得距离。

③ 同欧几里得距离上最近的样本来确定新样本的类别信息。确定的方式就是最近的 k 个样本的投票。

④ 重复以上步骤，直到所有测试样本都确定了类别。

2.4.2 k-nn 的优点和缺点

该方法的优点如下。

- 简单；无需调整参数。
- 无训练过程；我们只需要更多地训练样本来改进模型。

缺点是：计算成本高（必须计算训练集点和每个新样本之间的所有距离）。

2.5 有用的库和使用示例

我们将会在本部分讨论有用的库。

2.5.1 matplotlib 绘图库

数据绘图是数据科学学科的一个组成部分。为此，我们需要一个非常强大的框架，以能够绘制我们的结果。对于这个任务，matplotlib 中没有通用框架来解决，我们使用 matplotlib 库。

在 matplotlib 官方网站（http://matplotlib.org/），matplotlib 的定义是：

“matplotlib 是一个 Python 下的 2D 绘图库，能够在跨平台的交互环境中产生各种硬拷贝格式的印刷级的图形。”

下面进行合成数据绘图示例。本例中，我们将会产生一个包含 100 个随机数的列表，用 matplotlib 绘制这 100 个数据，并生成图像文件。

```
    import tensorflow as tf
    import numpy as np
    import matplotlib.pyplot as plt
    with tf.Session() as sess:
         fig, ax = plt.subplots()
         ax.plot(tf.random_normal([100]).eval(), tf.random_normal([100]
).eval(),'o')
         ax.set_title('Sample random plot for TensorFlow')
         plt.savefig("result.png")
```

绘图结果如图 2-6 所示。

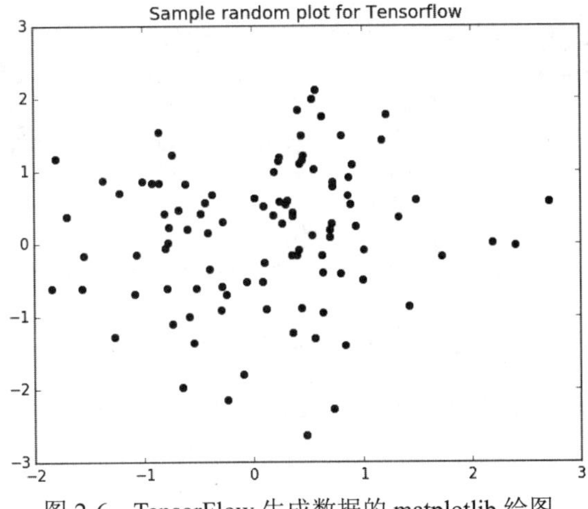

图 2-6 TensorFlow 生成数据的 matplotlib 绘图

查看 matplotlib 绘图模块的更多的用法，请参考：http://matplotlib.org/。

2.5.2 scikit-learn 数据集模块

TensorFlow 当前还没有集成易于生成人工数据集的方法。因此，我们会使用 sklearn 库来帮忙。

在 scikit-learn 的官方网站（https://scikit-learn.org/stable/），scikit-learn 的介绍是：

“scikit-learn（原名 scikits.learn）是一个基于 Python 编程语言的开源机器学习库。它具有各种分类，回归和聚类算法，并可以与 Python 数值和科学计算库 NumPy 以及 SciPy 互操作。”

本例中，我们会使用 scikit-learn 的数据集模块，来生成和加载各种人工数据集。

查看更多的 scikit-learn 数据集模块的说明和解释，请参考：http://scikit-learn.org/stable/datasets/。

2.5.3 人工数据集类型

1. 块状数据集

我们将会使用如下的人工数据集，如图 2-7 所示。

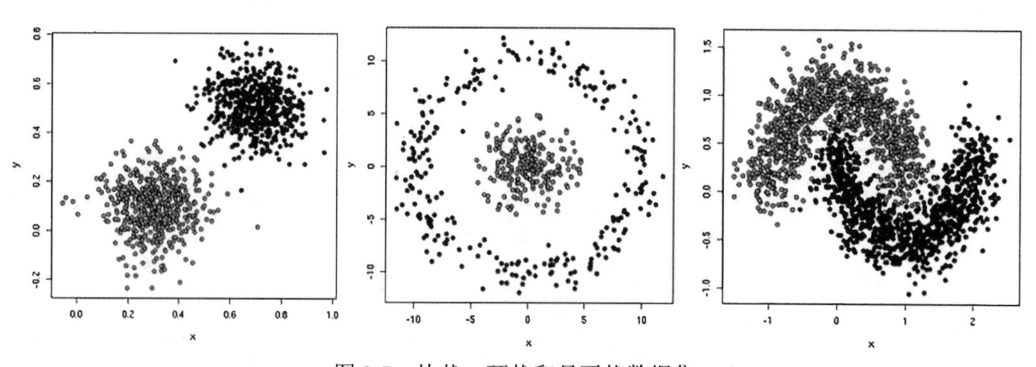

图 2-7 块状、环状和月牙状数据集

这个数据集用于测试聚类算法。该数据集是特意设计，专门用于测试聚类算法的准确程度的。

以下是生成块状数据集的方法：

```
sklearn.datasets.make_blobs(n_samples=100, n_features=2, centers=3,
cluster_std=1.0, center_box=(-10.0, 10.0), shuffle=True,
random_state=None)
```

n_samples 是数据的数目，n_features 是特征数据的列的数目（维度），centers 是类的中心，cluster_std 是标准差，center_box 是随机生成数据中心时中心的边界，shuffle 指是否打乱样品，random_state 是随机种子。

2．环形数据集

这是一个圆环套圆环的数据集。这是一个非线性可分的问题，所以需要使用非线性模型。对于这种数据集，简单的算法如 k-means 就不能处理。

以下是生成环形数据集的方法：

```
sklearn.datasets.make_circles(n_samples = 100, shuffle = True, noise = None,
random_state = None, factor = 0.8)
```

n_samples 是数据的数目，shuffle 指数据是否发乱，noise 是添加到圆形数据集上的随机噪声数据，random_state 是随机种子，factor 是环形数据间的比例因子。

2.6　例 1——对人工数据集的 k 均值聚类

2.6.1　数据集描述和加载

本章中，我们使用的是人工数据集，它的生成方式如下：

```
centers = [(-2, -2), (-2, 1.5), (1.5, -2), (2, 1.5)]
data, features = make_blobs (n_samples=200, centers=centers, n_features =
2, cluster_std=0.8, shuffle=False, random_state=42)
```

通过 matplotlib 绘制该数据集：

```
    ax.scatter(np.asarray(data).transpose()[0],
np.asarray(data).transpose()[1], marker = 'o', s = 250)
    plt.plot()
```

最终结果如图 2-8 所示。

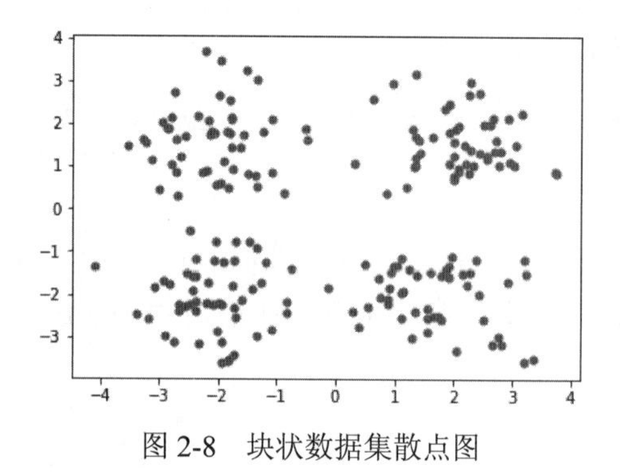

图 2-8 块状数据集散点图

2.6.2 模型架构

Points 变量用来存放数据集的点的坐标，centroids 变量用于存放每个组质心的坐标，clustering_assignments 变量用来存放为每个数据元素分配的类的索引。

比如说，clustering_assignments[2]=1 表示数据 data[2]的数据点被分配到 1 类，而 1 类的质心坐标通过访问 centroids[1]得到。

```
points=tf.Variable(data)
cluster_assignments = tf.Variable(tf.zeros([N], dtype=tf.int64))
centroids = tf.Variable(tf.slice(points.initialized_value(), [0,0], [K,2]))
```

然后，我们可以通过 matplotlib 库绘制出质心的位置：

```
fig, ax = plt.subplots()
ax.scatter(np.asarray(centers).transpose()[0],
np.asarray(centers).transpose()[1], marker = 'o', s = 250)
plt.show()
```

图 2-9 是绘制结果。

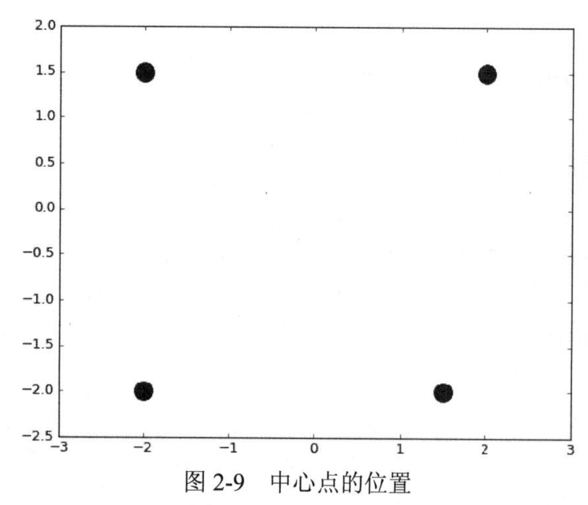

图 2-9 中心点的位置

2.6.3 损失函数描述和优化循环

然后我们对所有的质心做 *N* 次复制，对每个样本点做 *K* 次复制，这样样本点和质心的形状都是 $N \times K \times 2$，我们就可以计算每一个样本到每一个质心点之间在所有维度上的距离。

```
rep_centroids = tf.reshape(tf.tile(centroids, [N, 1]), [N, K, 2])
rep_points = tf.reshape(tf.tile(points, [1, K]), [N, K, 2])
sum_squares = tf.reduce_sum(tf.square(rep_points - rep_centroids),
reduction_indices=2)
```

然后我们对所有维度求和，得到和最小的那个索引（这个索引就是每个点所属的新的类）：

```
best_centroids = tf.argmin(sum_squares, 1)
```

centroids 也会在每个迭代之后由 bucket_mean 函数更新，具体请查看完整的源码。

2.6.4 停止条件

本例的停止条件是所有的质心不再变化：

```
did_assignments_change = tf.reduce_any(tf.not_equal(best_centroids,
cluster_assignments))
```

此处，我们使用 control_dependencies 来控制是否更新质心：

```
with tf.control_dependencies([did_assignments_change]):
   do_updates = tf.group(
   centroids.assign(means),
   cluster_assignments.assign(best_centroids))
```

2.6.5 结果描述

当程序结束的时候，我们得到如图 2-10 所示的输出。

```
Found in 407.12 seconds 8 iterations
Centroids:
[[ 1.65289262 -2.04643427]
 [-2.0763623   1.61204964]
 [-2.08862822 -2.07255306]
 [ 2.09831502  1.55936014]]
Cluster assignments: [2 2 2 2 2 2 2 2 2 2 2 2 2 2 2 2 2 2 2 2 2 2 2 2 2 2 2 2 2 2 2 2 2 2 2 2 2
 2 2 2 2 2 2 2 2 2 2 2 2 2 1 1 1 1 1 1 1 1 1 1 1 1 1 1 1 1 1 1 1 1 1 1 1 1
 1 1 1 1 1 1 1 1 1 1 1 1 1 1 1 1 1 1 1 1 1 1 1 1 1 1 0 0 0 0 3 0 0 0 0 0 0
 0 0 0 0 0 0 0 0 0 0 0 0 0 0 0 0 0 0 0 0 2 0 0 0 0 0 0 0 0 0 0 0 0 0 0 0 0
 0 0 3 3 3 3 3 3 3 3 3 3 3 3 3 3 3 3 3 3 3 3 3 3 3 3 3 3 3 3 3 3 3 3 3 3 3
 3 3 3 3 3 3 3 3 3 3 3 3 3 3 3]
```

图 2-10 k 均值运行结果

2.6.6 每次迭代中的质心变化

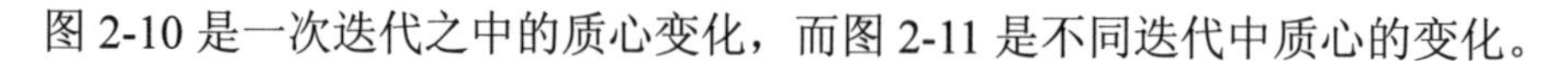
图 2-10 是一次迭代之中的质心变化，而图 2-11 是不同迭代中质心的变化。

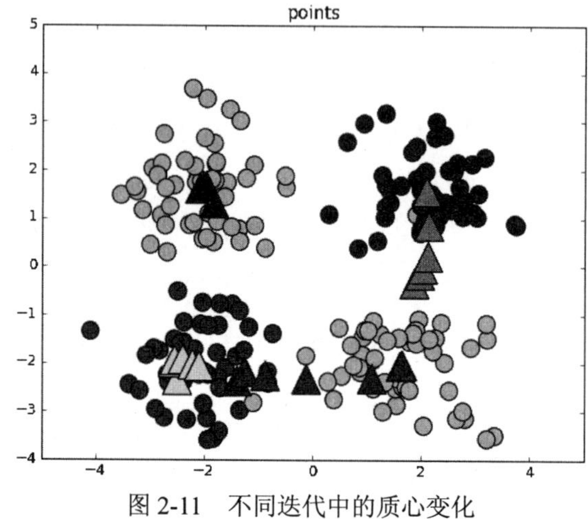

图 2-11 不同迭代中的质心变化

2.6.7 完整源代码

完整源代码如下：

```
import tensorflow as tf
import numpy as np
import time

import matplotlib
import matplotlib.pyplot as plt

from sklearn.datasets.samples_generator import make_blobs
from sklearn.datasets.samples_generator import make_circles

DATA_TYPE = 'blobs'

# Number of clusters, if we choose circles, only 2 will be enough
if (DATA_TYPE == 'circle'):
    K=2
else:
    K=4


# Maximum number of iterations, if the conditions are not met
MAX_ITERS = 1000
```

```
    start = time.time()


    centers = [(-2, -2), (-2, 1.5), (1.5, -2), (2, 1.5)]
    if (DATA_TYPE == 'circle'):
       data, features = make_circles(n_samples=200, shuffle=True, noise= 0.01, fact
or=0.4)
    else:
       data, features = make_blobs (n_samples=200, centers=centers, n_features = 2,
 cluster_std=0.8, shuffle=False, random_state=42)


    fig, ax = plt.subplots()
    ax.scatter(np.asarray(centers).transpose()[0], np.asarray(centers).transpose()[
1], marker = 'o', s = 250)
    plt.show()


    fig, ax = plt.subplots()
    if (DATA_TYPE == 'blobs'):
       ax.scatter(np.asarray(centers).transpose()[0], np.asarray(centers).transpose
()[1], marker = 'o', s = 250)
       ax.scatter(data.transpose()[0], data.transpose()[1], marker = 'o', s = 100,
c = features, cmap=plt.cm.coolwarm )
       plt.plot()


    points=tf.Variable(data)
    cluster_assignments = tf.Variable(tf.zeros([N], dtype=tf.int64))

    centroids = tf.Variable(tf.slice(points.initialized_value(), [0,0], [K,2]))

    sess = tf.Session()
    sess.run(tf.initialize_all_variables())

    sess.run(centroids)


    rep_centroids = tf.reshape(tf.tile(centroids, [N, 1]), [N, K, 2])
    rep_points = tf.reshape(tf.tile(points, [1, K]), [N, K, 2])
    sum_squares = tf.reduce_sum(tf.square(rep_points - rep_centroids),
    reduction_indices=2)
    best_centroids = tf.argmin(sum_squares, 1)
    did_assignments_change = tf.reduce_any(tf.not_equal(best_centroids, cluster_ass
ignments))
```

```
    def bucket_mean(data, bucket_ids, num_buckets):
        total = tf.unsorted_segment_sum(data, bucket_ids, num_buckets)
        count = tf.unsorted_segment_sum(tf.ones_like(data), bucket_ids, num_buckets)
        return total / count
    means = bucket_mean(points, best_centroids, K)
    with tf.control_dependencies([did_assignments_change]):
        do_updates = tf.group(
        centroids.assign(means),
        cluster_assignments.assign(best_centroids))

    changed = True
    iters = 0
    fig, ax = plt.subplots()
    if (DATA_TYPE == 'blobs'):
        colourindexes=[2,1,4,3]
    else:
        colourindexes=[2,1]
    while changed and iters < MAX_ITERS:
        fig, ax = plt.subplots()
        iters += 1
        [changed, _] = sess.run([did_assignments_change, do_updates])
        [centers, assignments] = sess.run([centroids, cluster_assignments])
        ax.scatter(sess.run(points).transpose()[0], sess.run(points).transpose()[1],
 marker = 'o', s = 200, c = assignments, cmap=plt.cm.coolwarm )
        ax.scatter(centers[:,0],centers[:,1], marker = '^', s = 550, c = colourinde
xes, cmap=plt.cm.plasma)
        ax.set_title('Iteration ' + str(iters))
        plt.savefig("kmeans" + str(iters) +".png")
    ax.scatter(sess.run(points).transpose()[0], sess.run(points).transpose()[1], ma
rker = 'o', s = 200, c = assignments, cmap=plt.cm.coolwarm )
    plt.show()
    end = time.time()
    print ("Found in %.2f seconds" % (end-start)), iters, "iterations"
    print "Centroids:"
    print centers
    print "Cluster assignments:", assignments
```

2.6.8 k 均值用于环状数据集

对于环状数据，我们知道，每个类不能由简单的均值替代。如图 2-12 所示，两个圆共享同一个质心，或者两个质心非常接近，这样我们就不能预测出一个清晰的输出。

对于本数据集，我们只用两个类，以确保该算法的缺点能够被读者理解，如图 2-13 所示。

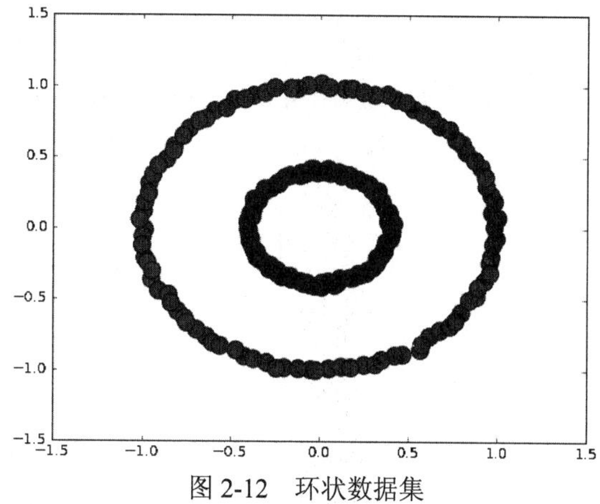

图2-12 环状数据集

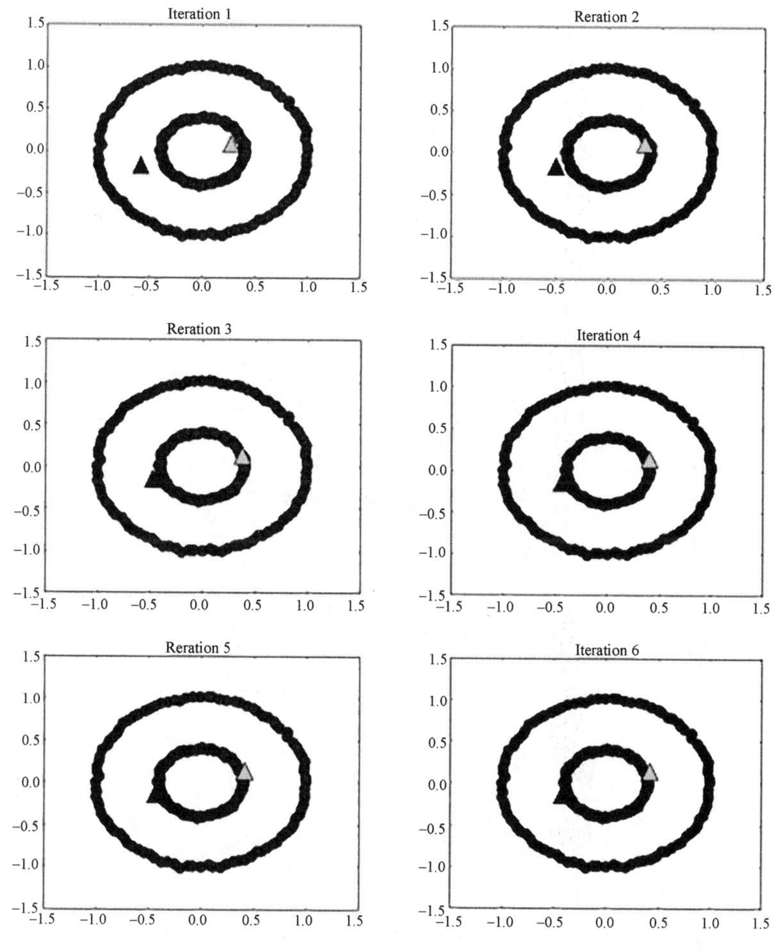

图2-13 k均值算法应用于环状数据集

正如我们所见，初始质心向样本最集中的地方漂移，能够将数据线性分割。这是这个算法最大的限制之一。要处理非线性可分的数据集，我们可以尝试其他的分类方法，如**基于密度的抗噪聚类方法（density based spatial clustering of applications with noise，DBSCAN）**，但这已经超过本书的范围。

2.7 例 2——对人工数据集使用最近邻算法

本例中，我们使用的数据集是上面的算法（k 均值）不能正确分类的问题。

2.7.1 数据集生成

本例中的数据集跟上例一样，还是两类，但是这次我们会加大数据的噪声（从 0.01 到 0.12）：

```
data, features = make_circles(n_samples=N, shuffle=True, noise=0.12, factor=0.4)
```

训练集的数据绘制如图 2-14 所示。

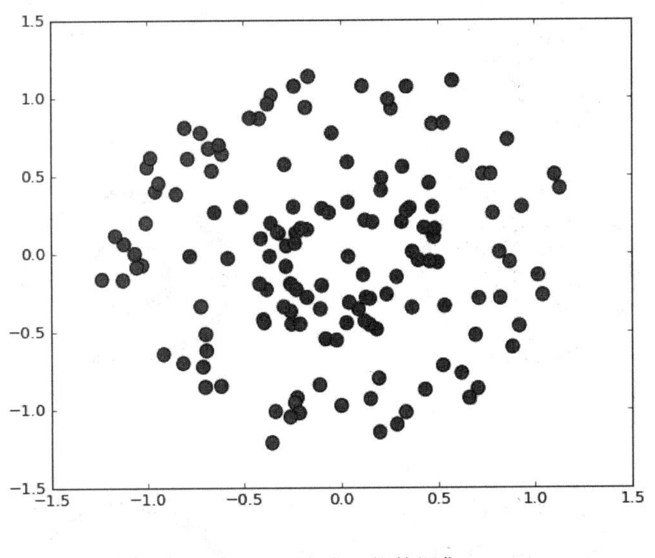

图 2-14 生成环状数据集

2.7.2 模型结构

这里面的变量除了存放原始数据，还有一个列表，用来存放为每个测试数据预测的测试结果。

2.7.3 损失函数描述

在聚类问题中，我们使用的距离描述跟前面一样，都是欧几里得距离。在每一个聚类的循环中，计算测试点与每个存在的训练点之间的距离，找到最接近那个训练点的索引，使用该索引寻找最近邻的点的类：

```
distances = tf.reduce_sum(tf.square(tf.sub(i , tr_data)),reduction_indices=1)
neighbor = tf.arg_min(distances,0)
```

2.7.4 停止条件

本例中，当处理完测试集中所有的样本后，整个过程结束。

2.7.5 结果描述

图 2-15 是 k-nn 算法的结果。我们可以看到，至少在有限数据集的范围内，该算法比无重叠、块状优化、k 均值方法的效果好。

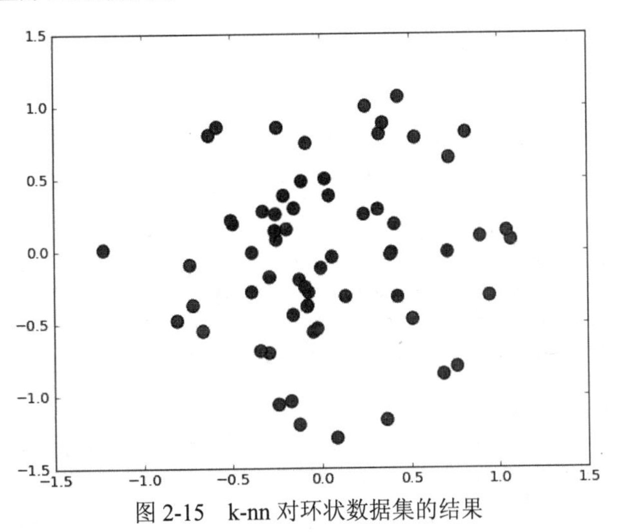

图 2-15 k-nn 对环状数据集的结果

2.7.6 完整源代码

完整源代码如下：

```
import tensorflow as tf
import numpy as np
```

```
import time

import matplotlib
import matplotlib.pyplot as plt

from sklearn.datasets.samples_generator import make_circles

N=210
K=2
# Maximum number of iterations, if the conditions are not met
MAX_ITERS = 1000
cut=int(N*0.7)

start = time.time()

data, features = make_circles(n_samples=N, shuffle=True, noise= 0.12, factor=0.4)
tr_data, tr_features= data[:cut], features[:cut]
te_data,te_features=data[cut:], features[cut:]

fig, ax = plt.subplots()
ax.scatter(tr_data.transpose()[0], tr_data.transpose()[1], marker = 'o', s = 10
0, c = tr_features, cmap=plt.cm.coolwarm )
plt.plot()

points=tf.Variable(data)
cluster_assignments = tf.Variable(tf.zeros([N], dtype=tf.int64))

sess = tf.Session()
sess.run(tf.initialize_all_variables())

test=[]

for i, j in zip(te_data, te_features):
    distances = tf.reduce_sum(tf.square(tf.sub(i , tr_data)),reduction_indices=1)
    neighbor = tf.arg_min(distances,0)
    test.append(tr_features[sess.run(neighbor)])
print test
fig, ax = plt.subplots()
ax.scatter(te_data.transpose()[0], te_data.transpose()[1], marker = 'o', s = 100,
c = test, cmap=plt.cm.coolwarm )
plt.plot()

end = time.time()
print ("Found in %.2f seconds" % (end-start))
print "Cluster assignments:", test
```

2.8 小结

在本章中，我们学习了一些目前可以实现的简单模型，并在细节部分做到了尽可能的详细。

从现在起，我们掌握了如何生成人工数据集，这使我们能够快速测试一个模型对于不同数据集的有效性，从而评估它们的优点和缺点。

此外，我们已经实现了第一个迭代方法并进行了收敛性测试。下面的章节中，我们会用类似的方式实现其他模型，但使用更精细和更精确的方法。

在下一章中，我们将使用线性函数解决分类问题，并且第一次使用来自训练集的信息来学习数据特征。这是有监督学习（supervised learning）的目标，而且这对于解决许多现实生活中的问题更有用。

第 3 章 线性回归

本章中，我们将通过最小化误差和损失函数，用一条线来拟合给定的点，学习机器学习项目的一般流程。

在前面的章节中，我们已经看过几种不同的问题和许多不同的解决方法。它们有一个共同的特点，就是根据已有的带标签的数据，定性地给出新数据的标签。这种问题，在社科领域最常见。

另一类常见的问题需要给出一个方程（提前建模好了的）的确切的数值。比如在物理学领域，我们需要根据温度和湿度的历史数据，预测未来的温度和湿度，我们把这类要得到确切数值的问题称为回归分析（regression analysis）。

具体到线性回归，我们通过线性方程表示输入跟输出量之间的关系。

3.1 单变量线性模型方程

正如之前所说，线性回归，是寻找一条直线，使得所有的点到这条直线的距离总和最短。

这种关系用经典的线性方程可以表示如下：

$$y = \beta_0 + \beta_1 x$$

模型方法有如下的形式：

这里，β_0 也称作偏差（bias），是当 x 为 0 的时候，方程的值， β_1 是建模的那条直线的斜率。变量 x 通常称作自变量，而 y 一般称作因变量。有时也分别称作回归量和响应量。

下面生成人工数据集。在本例中，我们会随机生成一个近似采样随机分布，使得β_1=2.0、β_0=0.2，并加入一个噪声，噪声的最大振幅为 0.4。

```
In[]:
#Indicate the matplotlib to show the graphics inline
%matplotlib inline
import matplotlib.pyplot as plt # import matplotlib
```

```
import numpy as np # import numpy
trX = np.linspace(-1, 1, 101) # Linear space of 101 and [-1,1]
#Create The y function based on the x axis
trY = 2 * trX + np.random.randn(*trX.shape) * 0.4 + 0.2
plt.figure() # Create a new figure
plt.scatter(trX,trY) #Plot a scatter draw of the random datapoints
# Draw one line with the line function
plt.plot (trX, .2 + 2 * trX)
```

结果如图 3-1 所示。

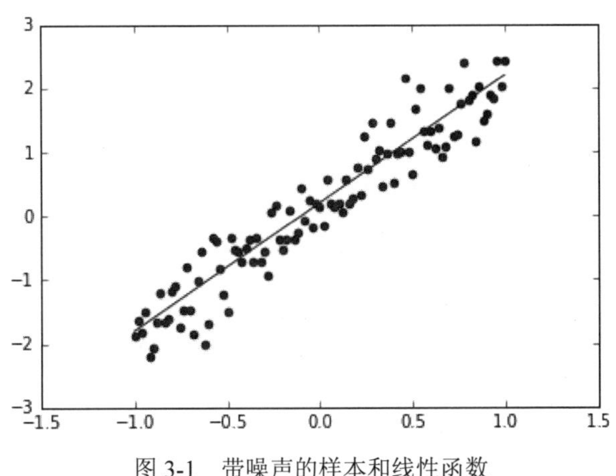

图 3-1 带噪声的样本和线性函数

3.2 选择损失函数

跟其他的机器学习方法一样，线性回归要首先选择一个误差函数（error function，又称为损失函数，cost function）。该函数的值，表征模型对于问题的适合程度。

在线性回归中最常用的损失函数是最小方差（least squares）。

要想计算最小方差，我们首先要做的一件事就是怎样计算这个“差”，也就是点到建模直线的距离。所以我们首先定义一个函数来计算每对 x_n、y_n 跟建模直线之间的距离。

对于二维回归，我们已知的是多对（X_0,Y_0）、（X_1,Y_1）…（X_n,Y_n），我们需要做的就是通过最小化以下函数，找到β_0 和β_1 的值。

$$J(\beta_0,\beta_1)=\sum_{i=0}^{n}(y_i-\beta_0-\beta_1 x_i)^2$$

简单点说，这个求和就表示预测值和真实值之间的欧几里得距离的和。

使用这个操作的原因是，平方差的求和能够给我们一个唯一且简单的全局数值。首先是通过相减得到预测值和真实值之间的差距，通过平方获得一个正数值，用于惩罚远离直线的点。

3.3 最小化损失函数

下一步就是选择一个办法最小化损失函数。在微积分中，我们学过，想要获得局部最小值，可以对参数求偏导，并让偏导等于 0。这个方法有两个要求，第一是偏导存在，第二最好是凸函数。可以证明最小方差函数满足这两个条件。这对避免局部最小值的问题，非常有帮助。最小方差损失函数如图 3-2 所示。

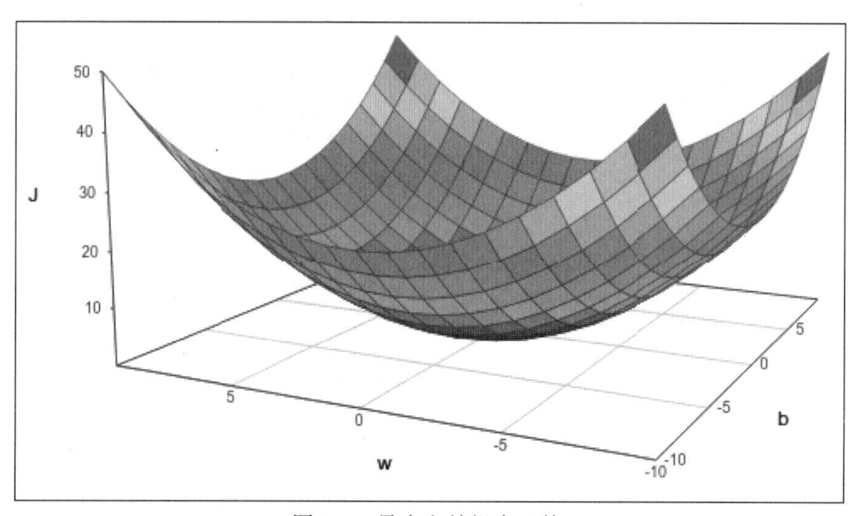

图 3-2 最小方差损失函数

3.3.1 最小方差的全局最小值

我们通过矩阵的形式来计算最小方差的解：

$$J(\theta)=\frac{1}{2m}(\boldsymbol{X}\theta-y)^{\mathrm{T}}(\boldsymbol{X}\theta-y)$$

此处，J 是损失函数，参数的解如下：

$$\theta=(\boldsymbol{X}^{\mathrm{T}}X)^{-1}\boldsymbol{X}^{\mathrm{T}}y$$

3.3.2 迭代方法：梯度下降

梯度下降方法是在机器学习领域使用得最多的优化方法。该方法沿着梯度的反方向，寻找损失函数的局部最小值。

对于二维的线性回归，我们先随机定义一个权值θ，作为线性方程的系数，然后使用如下方程，循环迭代更新θ的值。

$$\theta_{j+1} := \theta_j - \alpha \frac{\partial}{\partial \theta_j} J(\theta_j)$$

该式子的机制很简单。我们从一个初始值开始，沿着方程改变最大方向的反方向移动。α被称作步长（step），会影响每次迭代移动的大小。

最后一步是跳出迭代的测试。以下两种情况满足其中之一就跳出循环：两次迭代之间的差值大于一个 epsilon 或者迭代次数达到。

如果方程是非凸的，建议多找几个初始值运用梯度下降法，最后选择损失函数值最低的那个参数作为结果。因为，非凸函数的最小值，可能是局部最小值，最终的结果依赖于初始值。所以推荐选多个初始值。

3.4 示例部分

首先我们讨论有用的库和模块。

3.4.1 TensorFlow 中的优化方法——训练模块

训练或者参数优化是机器学习工作流中重要的组成部分。

在 TensorFlow 中有一个 tf.train 模块专门来解决这个问题。在该模块中，集成了很多种数据科学家常用的优化策略。这个模块提供的主要对象被称作 Optimizer（优化器）。

3.4.2 tf.train.Optimizer 类

优化器（Optimizer）类用来计算损失函数的梯度，并将它们应用于同一模型的不同变量。我们最常用的优化方法有梯度下降（gradient descent）、Adam 和 Adagrad。

要注意，Optimizer 这个类本身是不能被初始化的，只能初始化它的子类。

正如我们之前所讨论的，TensorFlow 可以通过符号语言定义函数，所以梯度也可以通过符号语言的方式使用，这能够提高结果的准确性并丰富对数据的操作。

使用 Optimizer 类，我们要遵循以下步骤：

① 为需要优化的参数，创建一个 Optimizer（本例中为梯度下降）。

```
opt = GradientDescentOptimizer(learning_rate= [learning rate])
```

② 创建一个操作，调用 minimize 方法，最小化损失函数。

```
optimization_op = opt.minimize(cost, var_list=[variables list])
```

minimize 函数要遵循以下的格式：

```
tf.train.Optimizer.minimize(loss, global_step=None, var_list=None,
gate_gradients=1, aggregation_method=None,
colocate_gradients_with_ops=False, name=None)
```

主要的参数如下。

- loss：存放损失函数每轮迭代后的数值。
- global_step：Optimizer 执行一次迭代，加一。
- var_list：需要优化的变量。

事实上，optimizer 方法内部调用了 compute_gradients( ) 和 apply_gradients( )两个方法。如果你想在使用梯度之前，对梯度进行额外的处理，可以先使用 compute_gradients( )方法计算出梯度，然后调用 apply_gradients( )方法。如果我们想只使用一步来训练，我们一定需要按照 opt_op.run( )的方式执行 run 方法。

3.4.3 其他 Optimizer 实例类型

以下是其他 Optimizer 实例类型。

- tf.train.AdagradOptimizer：自适应梯度 Optimizer，学习率随着时间递减；
- tf.train.AdadeltaOptimizer：增强版 Adagrad，学习率不再绝对随着时间衰减；
- tf.train.MomentumOptimizer：实现 Momentum 优化算法；
- TensorFlow 还实现了其他的 Optimizer，如 tf.train.AdamOptimizer, tf.train.FtrlOptimizer, tf.train.RMSPropOptimizer。

3.5 例 1——单变量线性回归

我们将用一个例子将之前所学的知识串联起来。本例中，我们首先会创建一个近似线性分布；之后，我们会使用一个线性方程，通过最小化误差函数（本例中为最小方差），来拟合这个分布。

利用训练后的模型，对于一个新的样本，我们能够预测出它的输出。

3.5.1 数据集描述

对于这个样例，我们会通过一个线性方程和一些噪声，生成一个人工数据集：

```
import TensorFlow as tf
import numpy as np
trX = np.linspace(-1, 1, 101)
trY = 2 * trX + np.random.randn(*trX.shape) * 0.4 + 0.2 # create a y value
which is approximately linear but with some random noise
```

使用以下代码，我们同时绘制出散点图和理想的线性方程。

```
import matplotlib.pyplot as plt
plt.scatter(trX,trY)
plt.plot (trX, .2 + 2 * trX)
```

结果如图 3-3 所示。

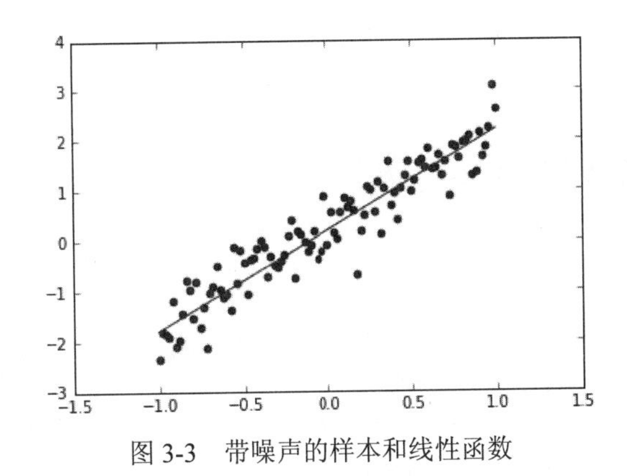

图 3-3 带噪声的样本和线性函数

3.5.2 模型结构

1）首先创建一个变量来保存 x 和 y 轴的数值。然后我们符号化定义输入 x 和权值 w 相乘的操作。

2）生成一些变量并赋予初始值，来启动模型。

```
In[]:
X = tf.placeholder("float", name="X") # create symbolic variables
Y = tf.placeholder("float", name = "Y")
```

3）我们为模型先声明一个 name_scope。我们能够把这个域（scope）内的变量和操作看作一个同质实体。在这个域内，我们先定义一个方程，用来计算变量 x 乘上权重（斜率），加上偏差。然后我们定义一个用来存放权重（斜率）和偏差的变量。这些变量在计算过程中不断变化，最后将定义的 model 的返回值赋给 y_model 变量。

从下面的 TensorBoard 中，我们可以看到损失函数（CostFunction）的操作。放大 Model 区域，我们可以看到乘法操作和加法操作，还可以看到参数变量 b0 和 b1，还有对模型的梯度操作，如图 3-4 所示。

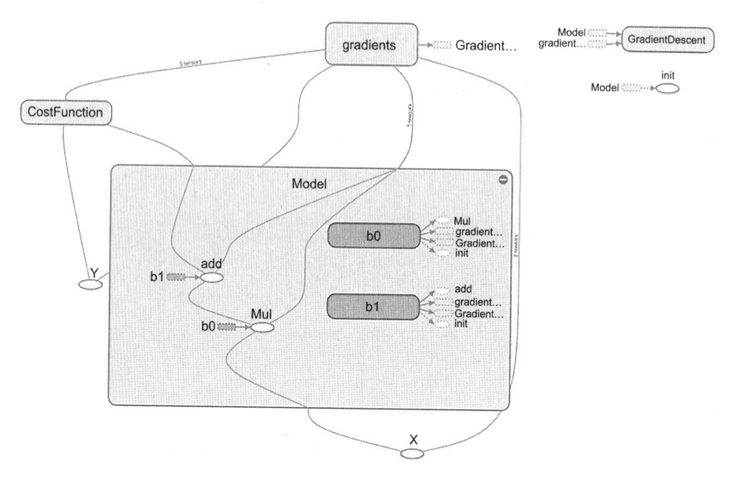

图 3-4 Model 域结构图

3.5.3 损失函数描述和 Optimizer

在损失函数（cost function）中，我们创建一个域（scope）来包含所有的操作，使用之前创建的 y_model 来计算 *y* 轴值。

```
with tf.name_scope("CostFunction"):
    cost = (tf.pow(Y-y_model, 2)) # use sqr error for cost
```

定义 Optimizer 的时候，我们首先初始化一个 GradientDescentOptimizer，并将步长设置为 0.05，这是一个经验值，有助于收敛。

```
train_op = tf.train.GradientDescentOptimizer(0.05).minimize(cost)
```

创建一个会话，并将初始化的变量保存起来，方便我们在 TensorBoard 上查看。本例中，我们会将每次迭代的最后一个误差结果作为一个标量保存起来。我们也需要将 TensorFlow 生成的图结构保存，用于以后查看。

```
sess = tf.Session()
init = tf.initialize_all_variables()
tf.train.write_graph(sess.graph,
  '/home/ubuntu/linear','graph.pbtxt')
cost_op = tf.scalar_summary("loss", cost)
merged = tf.merge_all_summaries()
sess.run(init)
writer = tf.train.SummaryWriter('/home/ubuntu/linear',
```

```
sess.graph)
```

在模型训练阶段，我们设置迭代 100 次，每次我们通过将样本输入模型，进行梯度下降操作。每次迭代之后，绘制出模型曲线，并将最后的误差值存入 summary。

```
In[]:
for i in range(100):
 for (x, y) in zip(trX, trY):
   sess.run(train_op, feed_dict={X: x, Y: y})
   summary_str = sess.run(cost_op, feed_dict={X: x, Y: y})
   writer.add_summary(summary_str, i)
 b0temp=b.eval(session=sess)
 b1temp=w.eval(session=sess)
 plt.plot (trX, b0temp + b1temp * trX )
```

绘图结果如图 3-5 所示；我们可以看到设定初始值后，模型很快收敛到一个不错的结果。

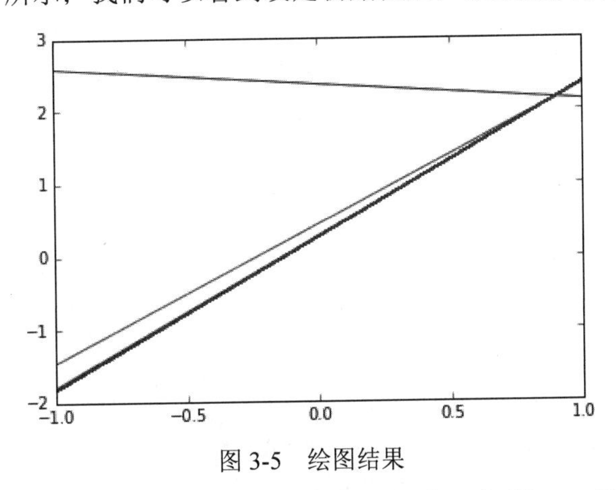

图 3-5 绘图结果

放大 CostFunction 域，我们能够看到乘方和减操作，如图 3-6 所示，它们也被写入了 summary 中。

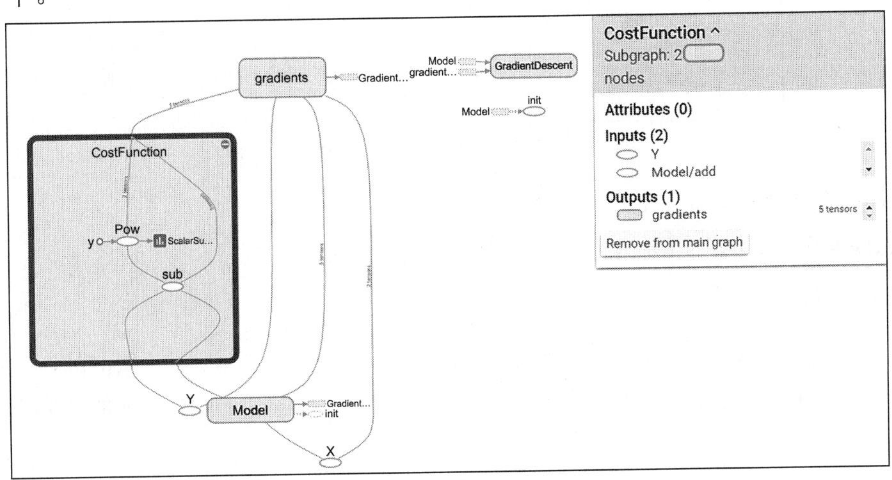

图 3-6 CostFunction 域结构图

3.5.4 停止条件

本例的停止条件为执行迭代100次。

3.5.5 结果描述

现在我们来检查参数的结果，打印run的w和b的变量的输出。

```
printsess.run(w) # Should be around 2
printsess.run(b) #Should be around 0.2
2.09422
0.256044
```

我们可以图像化地查看我们的数据结果，并绘制出最终直线，如图3-7所示。

```
plt.scatter(trX,trY)
plt.plot (trX, testb + trX * testw)
```

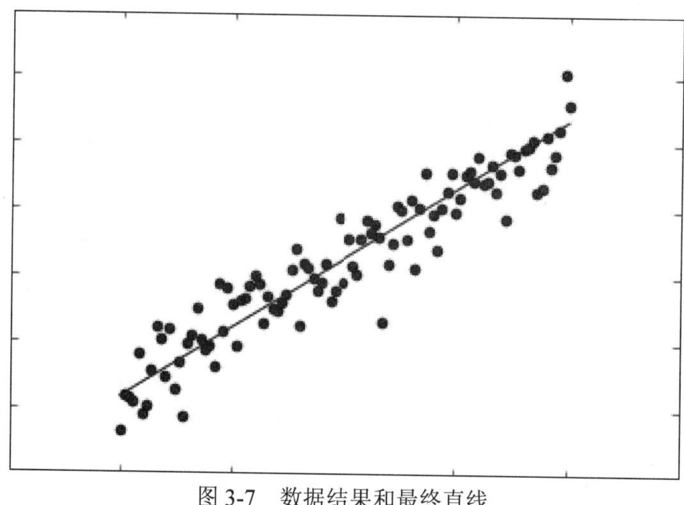

图3-7 数据结果和最终直线

现在我们在TensorBoard中查看数据结果。

TensorBoard的启用，需要指定日志目录，执行以下命令：

```
$ tensorboard --logdir=.
```

TensorBoard会加载日志目录中的事件和图形文件，并监听6006口。你可以在浏览器中输入“localhost:6006”，然后就能在浏览器中看到类似于图3-8的TensorBoard的仪表盘。

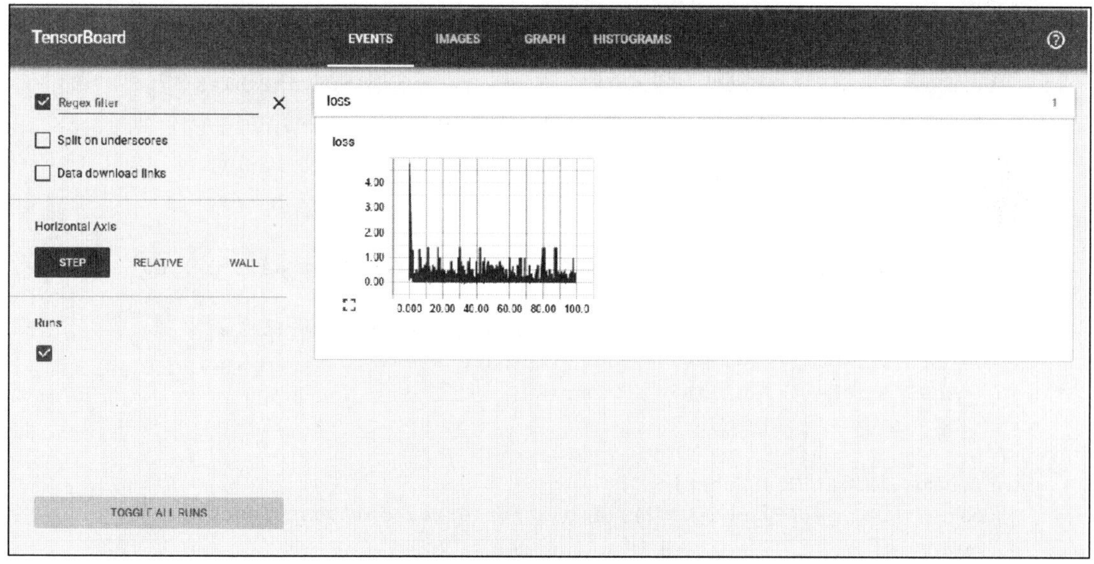

图 3-8 TensorBoard 的仪表盘

3.5.6 完整源代码

完整源代码如下：

```
import matplotlib.pyplot as plt # import matplotlib
import numpy as np # import numpy
import tensorflow as tf
import numpy as np

trX = np.linspace(-1, 1, 101) #Create a linear space of 101 points between
1 and 1
trY = 2 * trX + np.random.randn(*trX.shape) * 0.4 + 0.2 #Create The y
function based on the x axis
plt.figure() # Create a new figure
plt.scatter(trX,trY) #Plot a scatter draw of the random datapoints
plt.plot (trX, .2 + 2 * trX) # Draw one line with the line function

get_ipython().magic(u'matplotlib inline')

import matplotlib.pyplot as plt
import tensorflow as tf
import numpy as np

trX = np.linspace(-1, 1, 101)
trY = 2 * trX + np.random.randn(*trX.shape) * 0.4 + 0.2 # create a y value
which is approximately linear but with some random noise

plt.scatter(trX,trY)
```

```
plt.plot (trX, .2 + 2 * trX)

X = tf.placeholder("float", name="X") # create symbolic variables
Y = tf.placeholder("float", name = "Y")

withtf.name_scope("Model"):

    def model(X, w, b):
        returntf.mul(X, w) + b # We just define the line as X*w + b0

    w = tf.Variable(-1.0, name="b0") # create a shared variable
    b = tf.Variable(-2.0, name="b1") # create a shared variable
    y_model = model(X, w, b)


withtf.name_scope("CostFunction"):
    cost = (tf.pow(Y-y_model, 2)) # use sqr error for cost function

train_op = tf.train.GradientDescentOptimizer(0.05).minimize(cost)


sess = tf.Session()
init = tf.initialize_all_variables()
tf.train.write_graph(sess.graph, '/home/ubuntu/linear','graph.pbtxt')
cost_op = tf.scalar_summary("loss", cost)
merged = tf.merge_all_summaries()
sess.run(init)
writer = tf.train.SummaryWriter('/home/ubuntu/linear', sess.graph)

fori in range(100):
for (x, y) in zip(trX, trY):
sess.run(train_op, feed_dict={X: x, Y: y})
summary_str = sess.run(cost_op, feed_dict={X: x, Y: y})
writer.add_summary(summary_str, i)
    b0temp=b.eval(session=sess)
    b1temp=w.eval(session=sess)
plt.plot (trX, b0temp + b1temp * trX )


printsess.run(w) # Should be around 2
printsess.run(b) #Should be around 0.2


plt.scatter(trX,trY)
plt.plot (trX, sess.run(b) + trX * sess.run(w))
```

3.6 例 2——多变量线性回归

在本例中，我们处理的问题会超过一个变量。

该数据包含 1993 个样本，采集的是波士顿郊区的房价。每个样本包括 13 个变量和该地区的平均地价。

我们用的样本跟原始样本唯一不一样的地方就是去除了一个变量（b），这个变量是按照种族化描述不同的郊区。

除此之外，我们将会选择对我们有用的变量，来建模线性方程。

3.6.1 有用的库和方法

本部分我们会介绍一些有用的库和方法。这些库和方法不属于 TensorFlow，我们将在本例以及本书的后续例子中使用。这对我们解决不同的问题会非常有用。

3.6.2 Pandas 库

当我们想快速读取常规大小的数据文件的时候，创建读缓存区和其他的机制可能会造成额外的开支。这是我们在现实生活中常见的问题，Pandas 库可以来处理这种问题。

Pandas 官网（pandas.pydara.org）这样介绍 Pandas：

“Pandas 是一款开源的，基于 BSD 协议的 Python 库，能够提供高性能、易用的数据结构和数据分析工具。”它具有以下特点：

- 能够从 CSV 文件、文本文件、MS Excel、SQL 数据库，甚至是用于科学用途的 HDF5 格式。
- CSV 文件加载能够自动识别列头，支持列的直接寻址。
- 数据结构自动转换为 NumPy 的多维阵列。

3.6.3 数据集描述

数据集由 CSV 文件存储，我们用 Panda 库打开。本数据集包含以下变量。

- CRIM：城镇人均犯罪率。
- ZN：住宅用地超过 25000 sq.ft. 的比例。
- INDUS：城镇非零售商用土地的比例。

- CHAS：Charles 河空变量（如果边界是河流，则为 1；否则为 0）。
- NOX：一氧化氮浓度。
- RM：住宅平均房间数。
- AGE：1940 年之前建成的自用房屋比例。
- DIS：到波士顿 5 个中心区域的加权距离。
- RAD：辐射性公路的靠近指数。
- TAX：每 10000 美元的全值财产税率。
- PTRATIO：城镇师生比例。
- LSTAT：人口中地位低下者的比例。
- MEDV：自住房的平均房价，以千美元计。

我们可以通过以下的简单代码读取数据，并查看详细数据：

```
import tensorflow.contrib.learn as skflow
fromsklearn import datasets, metrics, preprocessing
import numpy as np
import pandas as pd


df = pd.read_csv("data/boston.csv", header=0)
printdf.describe()
```

这将会给出该数据集变量的统计概述，如图 3-9 所示。前 6 个结果如下：

```
CRIM          ZN           INDUS         CHAS          NOX           RM \
Count    506.000000   506.000000   506.000000   506.000000   506.000000
506.000000
mean       3.613524    11.363636    11.136779     0.069170     0.554695
6.284634
std        8.601545    23.322453     6.860353     0.253994     0.115878
0.702617
min        0.006320     0.000000     0.460000     0.000000     0.385000
3.561000
25%        0.082045     0.000000     5.190000     0.000000     0.449000
5.885500
50%        0.256510     0.000000     9.690000     0.000000     0.538000
6.208500
75%        3.677082    12.500000    18.100000     0.000000     0.624000
6.623500
max       88.976200   100.000000    27.740000     1.000000     0.871000
8.780000
```

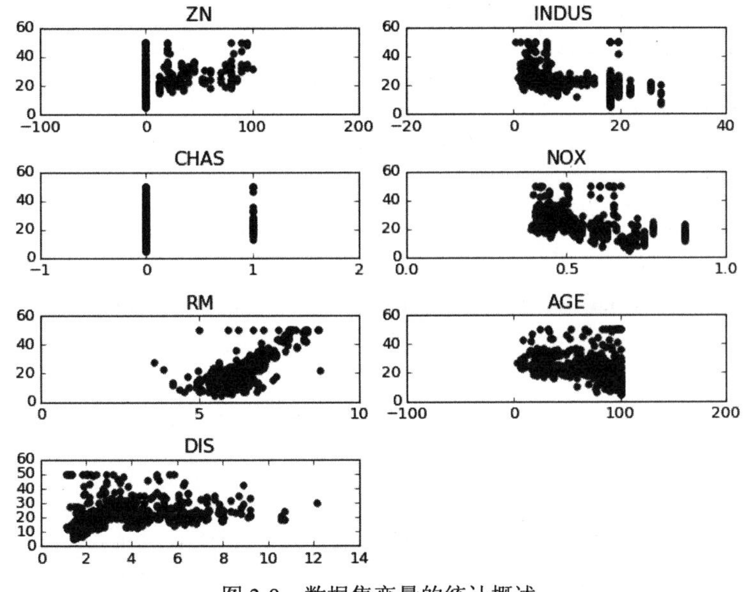

图 3-9 数据集变量的统计概述

3.6.4 模型结构

本例模型虽然简单，但是它包含我们处理更复杂模型的所有元素。

在如图 3-10 所示的结构图中，我们能够看到，解决一个机器学习问题的不同模块：模型、损失函数和梯度。TensorFlow 有一个非常有用的功能，就是能够自动对模型和方程求导。

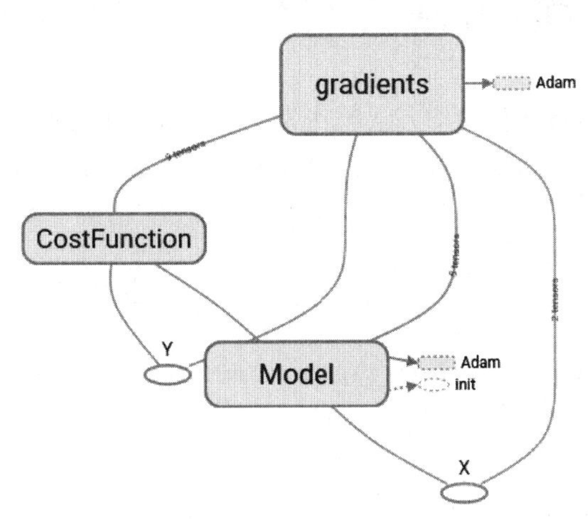

图 3-10 模型结构图

此处，我们可以找到之前部分 w、b 的定义和模型线性方程，如图 3-11 所示。

```
X = tf.placeholder("float", name="X") # create symbolic variables
Y = tf.placeholder("float", name = "Y")
```

```
withtf.name_scope("Model"):
    w = tf.Variable(tf.random_normal([2], stddev=0.01), name="b0") # create
a shared variable
    b = tf.Variable(tf.random_normal([2], stddev=0.01), name="b1") # create
a shared variable
def model(X, w, b):
returntf.mul(X, w) + b # We just define the line as X*w + b0
y_model = model(X, w, b)
```

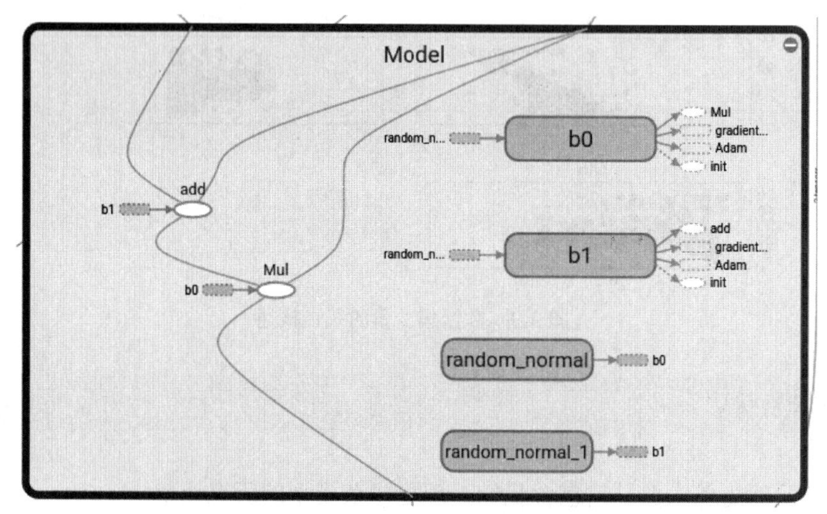

图 3-11 模型（Model）域结构图

3.6.5 损失函数和 Optimizer

在本例中，我们使用最常见的均方误差作为损失函数，跟上例不同的是，这次是多变量；因此我们使用 reduce_mean 函数，来平衡多个维度的误差值。其在 TensorBoard 中的结构，如图 3-12 所示。

```
with tf.name_scope("CostFunction"):
    cost = tf.reduce_mean(tf.pow(Y-y_model, 2)) # use sqr error for cost
function
train_op = tf.train.AdamOptimizer(0.1).minimize(cost)
  for a in range (1,10):
    cost1=0.0
for i, j in zip(xvalues, yvalues):
    sess.run(train_op, feed_dict={X: i, Y: j})
         cost1+=sess.run(cost, feed_dict={X: i, Y: i})/506.00
         #writer.add_summary(summary_str, i)
xvalues, yvalues = shuffle (xvalues, yvalues)
```

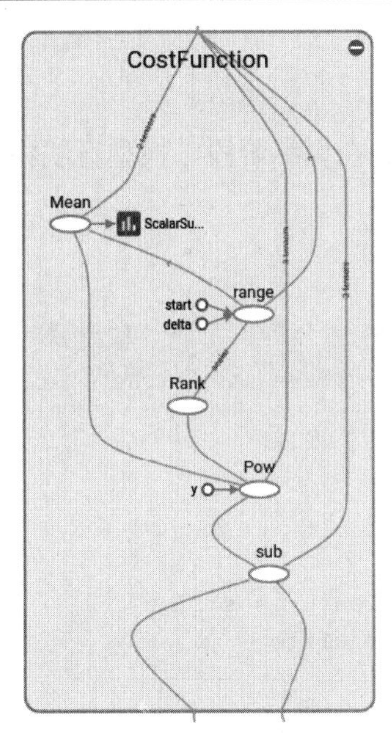

图 3-12 损失函数域展开

3.6.6 停止条件

本例的停止条件比较简单，只要等待所有的样本执行完特定的次数，就可以结束训练。

3.6.7 结果描述

结果如下：

```
1580.53295174
[ 2.25225258 1.30112672]
[ 0.80297691 0.22137061]
1512.3965525
[ 4.62365675 2.90244412]
[ 1.16225874 0.28009811]
1495.47174799
[ 6.52791834 4.29297304]
[ 0.824792270.17988272]
...
1684.6247849
[ 29.71323776 29.96078873]
[-0.68271929 -0.13493828]
1688.25864746
[ 29.78564262 30.09841156]
[-0.58272243 -0.08323665]
1684.27538102
```

```
[ 29.75390816 30.13044167]
[-0.59861398 -0.11895057]
```

从这个结果中，我们能够看到在训练阶段，模型直线将会很快收敛到下面的直线：

```
Price=0.6 × Industry+29.75
Price = 0.1 × Age+30.13
```

3.6.8 完整源代码

完整源代码如下：

```
import matplotlib.pyplot as plt
import tensorflow as tf
import tensorflow.contrib.learn as skflow
from sklearn.utils import shuffle
import numpy as np
import pandas as pd

df = pd.read_csv("data/boston.csv", header=0)
printdf.describe()

f, ax1 = plt.subplots()
plt.figure() # Create a new figure

y = df['MEDV']

for i in range (1,8):
    number = 420 + i
    ax1.locator_params(nbins=3)
    ax1 = plt.subplot(number)
    plt.title(list(df)[i])
    ax1.scatter(df[df.columns[i]],y) #Plot a scatter draw of the datapoints
plt.tight_layout(pad=0.4, w_pad=0.5, h_pad=1.0)


X = tf.placeholder("float", name="X") # create symbolic variables
Y = tf.placeholder("float", name = "Y")


with tf.name_scope("Model"):

    w = tf.Variable(tf.random_normal([2], stddev=0.01), name="b0") # create
a shared variable
    b = tf.Variable(tf.random_normal([2], stddev=0.01), name="b1") # create
a shared variable

    def model(X, w, b):
```

```
        return tf.mul(X, w) + b # We just define the line as X*w + b0

    y_model = model(X, w, b)

with tf.name_scope("CostFunction"):
    cost = tf.reduce_mean(tf.pow(Y-y_model, 2)) # use sqr error for cost
function

train_op = tf.train.AdamOptimizer(0.001).minimize(cost)


sess = tf.Session()
init = tf.initialize_all_variables()
tf.train.write_graph(sess.graph, '/home/bonnin/linear2','graph.pbtxt')
cost_op = tf.scalar_summary("loss", cost)
merged = tf.merge_all_summaries()
sess.run(init)
writer = tf.train.SummaryWriter('/home/bonnin/linear2', sess.graph)

xvalues = df[[df.columns[2], df.columns[4]]].values.astype(float)
yvalues = df[df.columns[12]].values.astype(float)
b0temp=b.eval(session=sess)
b1temp=w.eval(session=sess)


for a in range (1,50):
   cost1=0.0
   for i, j in zip(xvalues, yvalues):
      sess.run(train_op, feed_dict={X: i, Y: j})
      cost1+=sess.run(cost, feed_dict={X: i, Y: i})/506.00
      #writer.add_summary(summary_str, i)
   xvalues, yvalues = shuffle (xvalues, yvalues)
   print (cost1)
   b0temp=b.eval(session=sess)
   b1temp=w.eval(session=sess)
   print (b0temp)
   print (b1temp)
```

3.7 小结

在本章中，我们使用 TensorFlow 的训练函数构建了第一个完整的模型。除此之外，我们还成功构建了一个多变量的线性模型来计算多于一维数据的回归。除此之外，我们还使用了 TensorBoard 观察变量在训练阶段的中间过程。

在下一章中，我们将继续使用非线性模型，这让我们更加接近神经网络的领域。神经网络是 TensorFlow 的主要支持领域，也是最能充分发挥 TensorFlow 能力的地方。

第 4 章 逻辑回归

在之前的章节中，我们学习了如何线性回归建模。线性回归模型中，通过最小化误差函数，计算出权重和偏差。

但是这种方法的使用范围有很大的限制，只有那些结果是连续变量的问题可以使用线性回归。

但是，如果我们面对的是离散的变量呢？比如，一个特征的是否出现；是否是金色头发；就医者是否得病。

这些问题是本章要解决的问题。

4.1 问题描述

线性回归的目标是基于一个连续方程预测一个值，而本章的目标是预测一个样本属于某个确定类的概率。

本章中，我们将会使用一个泛化的线性模型来解决回归问题。不同于之前的线性回归，我们这次的目标是解决一个分类问题，也就是将观察值贴上某个标签，或者是分入某个预先定义的类。

图 4-1 给我们展示了回归问题与分类问题的区别。第一幅图中（线性回归），当输入 x 连续变化的时候，y 也是连续变化的。

但是，在第二幅图中就不一样了。不管输入 x 怎么变化，y 只有两种可能性。左边部分数据趋向于 0，右边部分数据趋向于 1。

逻辑回归（logistic regression）的这个术语容易让人产生疑惑，明明要处理的是分类问题，为什么叫作回归？回归应该寻找一个连续值，而分类寻找的是离散值。

理解的关键就是，我们不仅仅是寻找一个表示类的离散值，我们还寻找表示属于该类可能性的连续值。

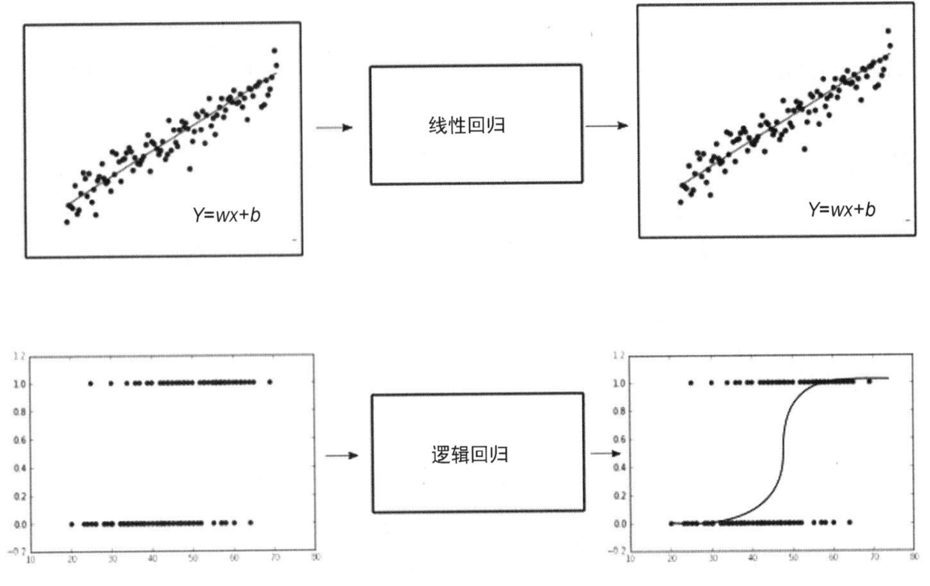

图 4-1 回归与分类的区别

4.2 Logistic 函数的逆函数——Logit 函数

在我们开始学习 Logistic 函数之前，我们先复习一个它的逆函数 Logit 函数，Logit 函数和 Logistic 函数息息相关，它们好多的性质是关联在一起的。

Logit 函数的变量需要是一个概率 p，更确切地说，需要是伯努利分布的事件概率。

4.2.1 伯努利分布

伯努利分布又称为二项分布，也就是说它只能表示成功和失败两种情况。

- 取 1，表示成功，以概率 p 表示。
- 取 0，表示失败，概率是 $q=1-p$。

一个服从伯努利分布的随机变量，其概率函数可以被表述为：

$$\Pr(X=1)=1-\Pr(X=0)=1-q=p$$

什么样的情况可以用伯努利分布来表示呢？当我们只有两种选择的时候（特征是否存在，事件是否发生，现象是否具有因果性，等等）。

4.2.2 联系函数

在我们建立广义线性模型之前，我们先要从线性函数开始，从独立变量映射到一个概率分布。

既然操作的是二值选项，我们自然会选择刚刚提到的伯努利分布，而连接函数则是对数几率函数。

4.2.3 Logit 函数

我们能够使用的一个函数，就是对发生率取对数，该函数被称作 Logit 函数：

$$\text{logit}(p) = \log\left(\frac{p}{1-p}\right)$$

这里面的（$p/1-p$）被称作事件的发生率，对其取对数，所以称为对数几率函数，简称对数函数，标记为 Logit 函数。

由图 4-2 我们可以看到，该函数实现了从区间[0,1]到区间（$-\infty,+\infty$）之间的映射。那么我们只要将 y 用一个输入的线性函数替换，那么就实现了输入的线性变化和区间[0,1]之间的映射。

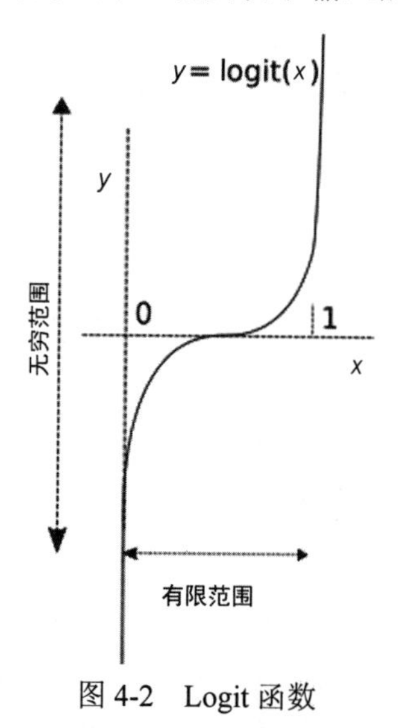

图 4-2 Logit 函数

4.2.4 对数几率函数的逆函数——Logistic 函数

我们计算一下对数几率函数的逆函数：

$$\mathrm{logit}^{-1}(\alpha)=\mathrm{logistic}(\alpha)=\frac{1}{1+\exp(-\alpha)}=\frac{\exp(\alpha)}{\exp(\alpha)+1}$$

这是一个 Sigmoid 函数。

Logistic 函数将使得我们能够在我们的回归任务表示为二项选择。

Sigmoid 函数的图形表示如图 4-3 所示。

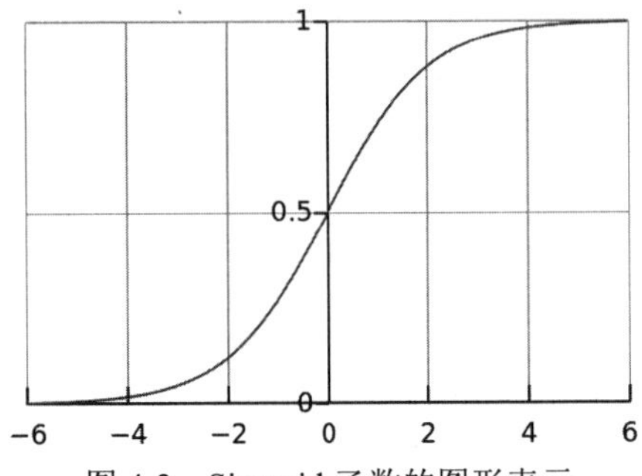

图 4-3 Sigmoid 函数的图形表示

1. Logistic 函数作为线性模型的泛化

Logistic 函数$\sigma(t)$的定义如下：

$$\sigma(t)=\frac{e^t}{e^t+1}=\frac{1}{1+e^{-t}}$$

一般的解释就是 t 为一个独立变量，该函数将 t 映射到区间[0,1]之间。但是我们提升了这个模型，将 t 转变为变量 x 的一个线性映射（当 x 是一个多变量的向量时，t 就是该向量中各个元素的线性组合）。

我们可以将 t 表示如下：

$$t=wx+b$$

我们就能够得到以下方程：

$$\mathrm{logit}(p)=\mathrm{In}\left(\frac{p}{1-p}\right)=wx+b$$

对于所有的元素，我们计算了回归方程，得出如下概率。

$$\hat{p}=\frac{e^{\beta_0+\beta_1 x}}{1+e^{\beta_0+\beta_1 x}}$$

图 4-4 展示了任意范围的变量是如何映射到区间[0,1]的。而[0,1]之间的数，就可以被表示为一个时间发生的可能性。

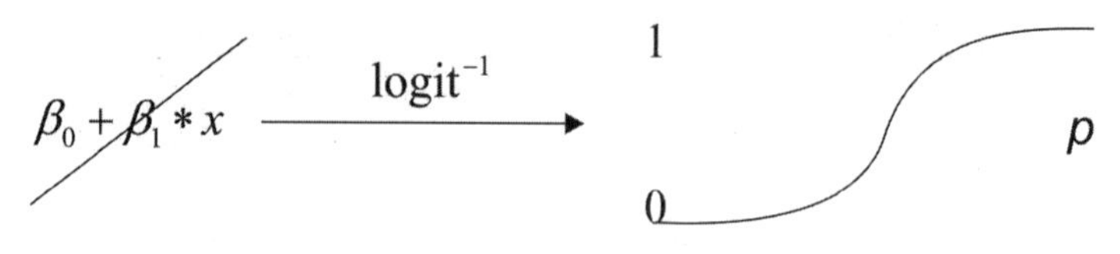

图4-4 变量映射到[0,1]

线性函数的参数起什么作用呢？它们可以改变直线的斜率和 Sigmoid 函数零的位置。通过调整线性方程中的参数，来缩小预测值与真实值之间的差距。

2. Logistic 函数的属性

函数空间中每个曲线都可以被描述成它所应用的可能目标。具体到 Logistic 函数：

- 事件的可能性 p 依赖于一个或者多个变量。比如，根据之前的资历，预测获奖的可能性。
- 对于特定的观察，估算事件发生的可能性。
- 预测改变独立变量对二项响应的影响。
- 通过计算可能性，将观测分配到某个确定的类。

3. 损失函数

前面的章节中，我们学习了近似的 $\hat{p}$ 函数，它能够得到样本属于某个确定类的可能性。为了计算预测与真实结果的切合程度，我们需要仔细选择损失函数。

损失函数可以表达为：

$$loss = -\sum_i y_i \bullet \log(ypred_i) + (1-y_i) \bullet \log(1-ypred_i)$$

该损失函数的主要性质就是偏爱相似行为，而当误差超过 0.5 的时候，惩罚会急剧增加。

4.2.5 多类分类应用——Softmax 回归

到现在为止，我们只是对二类分类进行处理，能够得到发生或者不发生的概率 p。

当我们面对多于二类的情况，通常有两种方法：一对多和一对所有。

- 第一类技术计算多个模型。针对每个类都计算一个“一 vs 所有（one against all）”的概率。
- 第二类技术只计算出一个概率集合，每个概率表示属于其中某一类的可能性。
- 第二种技术的输出是 Softmax 回归格式，这是 Logistic 回归对于 n 类的泛化。

于是，我们就要对我们的训练样本做出改变，从二值标签（），到向量标签（）。其中 K 是类的数目，y 可以取 K 个不同的值，而不限于 2。

对于这个技术，我们针对每一个测试输出 X，估算出 $P(y=k|x)$,其中 $k=1,1,K$。Softmax 回归的输出将会是一个 K 维的向量，每个数值对应的是该属于当前类的概率。

在图 4-5 中，我们表示了由输入到逻辑回归发生率 p 的映射。

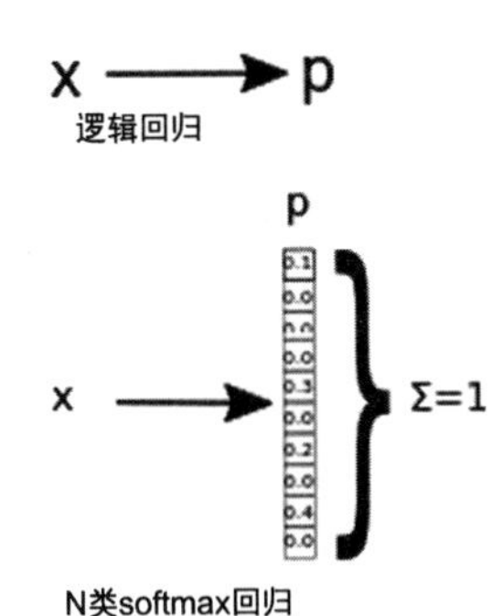

图 4-5 由输入到逻辑回归发生率 p 的映射

1. 损失函数

Softmax 的损失函数是一种改动的交叉熵函数，也是非线性的，惩罚混乱度高的情况，偏爱混乱度低的情况。

$$loss=\sum_i\sum_c y_c \bullet \log(ypred_c)$$

这里，c 是类的索引，i 是训练样品的索引，当 y_c 为 1 表示当前样品属于类 c。

展开该表达式，我们能够得到：

$$loss=\sum_i\sum_c y_c \bullet \frac{\mathrm{e}^{-x_c}}{\sum_{j=0}^{c-1}\log(\mathrm{e}^{-x_j})}$$

2. 为迭代方法进行数据正则化

正如我们在之前的部分所看到的，逻辑回归使用梯度下降方法来最小化损失函数。图 4-6 为数据正则化。

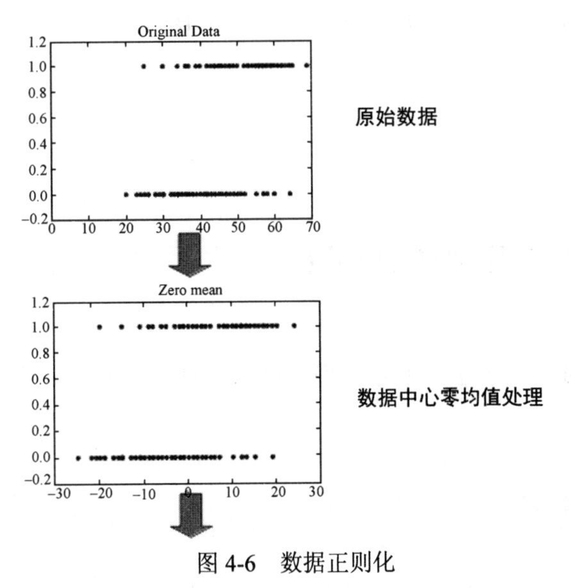

图 4-6 数据正则化

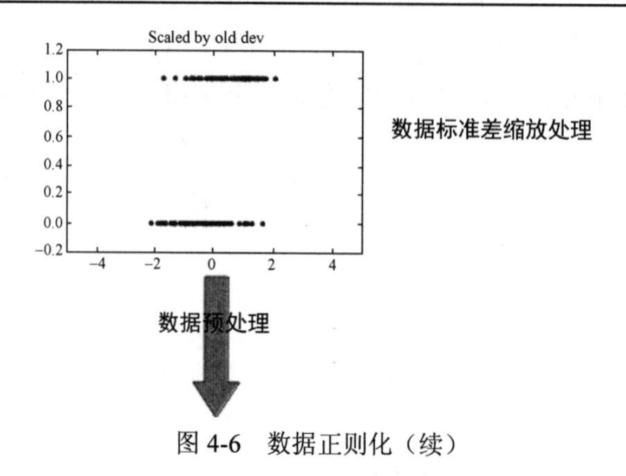

图 4-6 数据正则化（续）

该方法对特征数据的分布和形式敏感。

正是这个原因，我们要先对数据进行预处理，以期待获得更好、更快的收敛结果。

我们不去考虑正则化的理论解释。直觉地来看，数据正则化的时候，相当于平滑误差表面，使得梯度下降迭代更快地收敛到最小误差。

3. 一位有效输出表示

为了能让 Softmax 作为回归函数的损失函数，我们必须使用一种编码类型，叫作一位有效（one hot）。这种编码方式把一个表示类的数值，转变成一个阵列，而原来表示类的数值列表，经过编码后将成为阵列列表。阵列的长度是列表中最大数值的数目，对应的该类的数目加 1 的那个元素被置为 1，其他的元素都是 0。

比如，用于表示以下的列表[1,3,2,4]，它的 one hot 编码如下：

```
[[0 1 0 0 0]
[0 0 0 1 0]
[0 0 1 0 0]
[0 0 0 0 1]]
```

4.3 例 1——单变量逻辑回归

在第一个例子中，我们将会估计心脏病发生的可能性，使用单变量逻辑回归，输入是患者的年龄。

4.3.1 有用的库和方法

自从版本 0.8 之后，TensorFlow 就提供了产生 one hot 结果的工具。

```
tf.one_hot(indices, depth, on_value=1, off_value=0, axis=None,
```

```
dtype=tf.float32, name=None)
```

这种方法生成 one hot 编码的数据结构，可以识别数据、生成轴、数据类型等。

在输出的张量中，指示值是 on_value，默认为 1，其他的是 off_value，默认为 0。

dtype 是生成的张量的数据类型，默认的是 float 32 类型。

depth 变量表示结果将会有多少行。我们认为它的值应该是 max（indices）+1，但是也会被截取。

TensorFlow 中 Softmax 的实现使用的是 tf.nn.log_softmax 函数，遵循以下形式：

```
tf.nn.log_softmax(logits, name=None)
```

此处，参数如下。

- logits：一个张量，格式可以为 float 32，float 64，二维数据，形状是[batch_size, num_classes]。
- name：操作的名称（可选）。

操作返回一个张量，类型和形状都跟 Logits 相同。

4.3.2 数据集描述和加载

我们学习的第一个例子是拟合一个回归，输入是变量，输出只有两种可能的结果。

1. CHDAGE 数据集

在第一个简单的例子中，我们将使用一个简单的数据集，该数据集取自书籍：Applied Logistic Regression-Third Edition, David W. Hosmer Jr., Stanley Lemeshow, Rodney X. Sturdivant, by Wiley。

绘制出年龄，冠心病的发病与否。100 个病人。该表格包含了身份变量（ID），年龄分段（AGEGRP）。输出结果 CHD，0 的时候表示没有冠心病，1 的时候表示得了冠心病。一般来说，可以用任何数字表示，但是实际中，我们发现使用 0 和 1 最方便。我们把这个数据集称作 CHDAGE 数据集。

2. CHDAGE 数据集格式

CHDAGE 数据集是一个二列的 CSV 文件，我们可以从一个外部的仓库下载。

在第一章，探索和转换数据，我们使用了 TensorFlow 自带的方法来读取该数据集。在本章中，我们将会用另外的一个非常流行的库来读取该数据集。

这样做的原因是，该数据集有 100 个元组，最好能够将它们用一行代码读入。我们拥有简单而强大的免费的工具，由 pandas 库提供。

在本工程的初始阶段，我们开始加载 CHDAGE 数据集，打印出重要的统计量，然后进行预处理。

在打印出数据之后，我们建立一个带激活函数的模型。激活函数选择 Softmax 函数，在二类的时候，这就是一个 Logistic 函数；这就是当只有两类的时候（疾病到底存不存在）。

3. 数据集加载和预处理实现

首先，我们引入需要的库，将 matplotlib 库设置成内置（如果你使用 Jupyter 的话）模式。

```
    >>> import pandas as pd
    >>> import numpy as np
    >>> %matplotlib inline
>>> import matplotlib.pyplot as plt
```

我们使用 pandas 库来读取数据，检查数据集的统计信息：

```
>>> df = pd.read_csv("data/CHD.csv", header=0)
>>> print df.describe()
```

	age	chd
count	100.000000	100.00000
mean	44.380000	0.43000
std	11.721327	0.49757
min	20.000000	0.00000
25%	34.750000	0.00000
50%	44.000000	0.00000
75%	55.000000	1.00000
max	69.000000	1.00000

然后处理数据，并绘制数据，使得我们对数据有大致的了解。

```
plt.figure() # Create a new figure
plt.scatter(df['age'],df['chd']) #Plot a scatter draw of the random datapoints
```

绘图结果如图 4-7 所示。

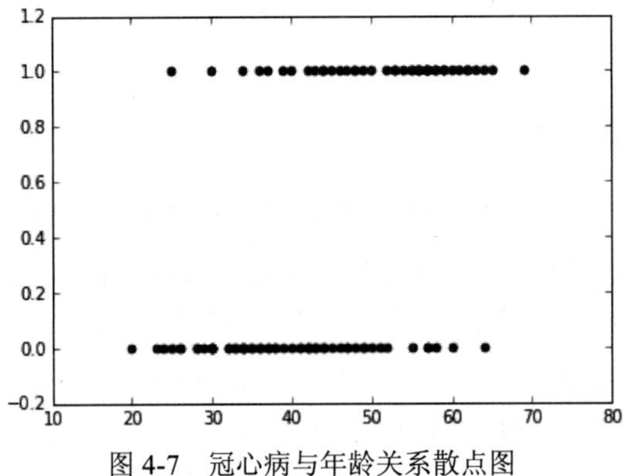

图 4-7 冠心病与年龄关系散点图

4.3.3 模型结构

此处，我们将会描述如何建立该模型。

```
    learning_rate = 0.8 #Learning speed
    batch_size = 100 #number of samples for the batch
display_step = 2 #number of steps before showing progress
```

此处，我们为数据流图创建初始变量和占位符。单变量 x 和 y 都是浮点型变量。

```
    x = tf.placeholder("float", [None, 1]) # Placeholder for the 1D data
y = tf.placeholder("float", [None, 2]) # Placeholder for the classes (2)
```

现在，我们创建线性模型，它们在模型被拟合的过程中将会不断地变化。

```
    W = tf.Variable(tf.zeros([1, 2]))
b = tf.Variable(tf.zeros([2]))
```

最后，我们创建激活函数，并且将其作用于线性方程之上。

```
activation = tf.nn.softmax(tf.matmul(x, W) + b)
```

4.3.4 损失函数描述和优化器循环

此处，我们定义交叉相关函数作为损失函数，定义优化器操作，选择梯度下降。这将会在后续章节中展开。现在我们把它当作一个黑盒，使它最小化。

```
cost = tf.reduce_mean(-tf.reduce_sum(y*tf.log(activation), reduction_indices=1))
optimizer = tf.train.GradientDescentOptimizer(learning_rate).minimize(cost)
init = tf.initialize_all_variables()
   #Iterate through all the epochs
   for epoch in range(training_epochs):
      avg_cost = 0.
      total_batch = 400/batch_size
      # Loop over all batches

      for i in range(total_batch):
         # Transform the array into a one hot format
         temp=tf.one_hot(indices = df['chd'].values, depth=2, on_value = 1, off
_value = 0, axis = -1 , name = "a")
         batch_xs, batch_ys = (np.transpose([df['age']])-44.38)/11.721327, temp
         # Fit training using batch data
         sess.run(optimizer, feed_dict={x: batch_xs.astype(float), y: batch_ys.
eval()})

         # Compute average loss, suming the corrent cost divided by the batch
```

```
total number
            avg_cost += sess.run(cost, feed_dict={x: batch_xs.astype(float), y: ba
tch_ys.eval()})/total_batch
```

4.3.5 停止条件

本例中，当迭代次数满足的时候，程序停止。

4.3.6 结果描述

该程序的输出如下：

```
Epoch: 0001 cost= 0.638730764
[ 0.04824295 -0.04824295]
[[-0.17459483 0.17459483]]
Epoch: 0002 cost= 0.589489654
[ 0.08091066 -0.08091066]
[[-0.29231569 0.29231566]]
Epoch: 0003 cost= 0.565953553
[ 0.10427245 -0.10427245]
[[-0.37499282 0.37499279]]
Epoch: 0004 cost= 0.553756475
[ 0.12176144 -0.12176143]
[[-0.43521613 0.4352161 ]]
Epoch: 0005 cost= 0.547019333
[ 0.13527818 -0.13527818]
[[-0.48031801 0.48031798]]
```

不同迭代周期中的拟合函数结果如图4-8所示。

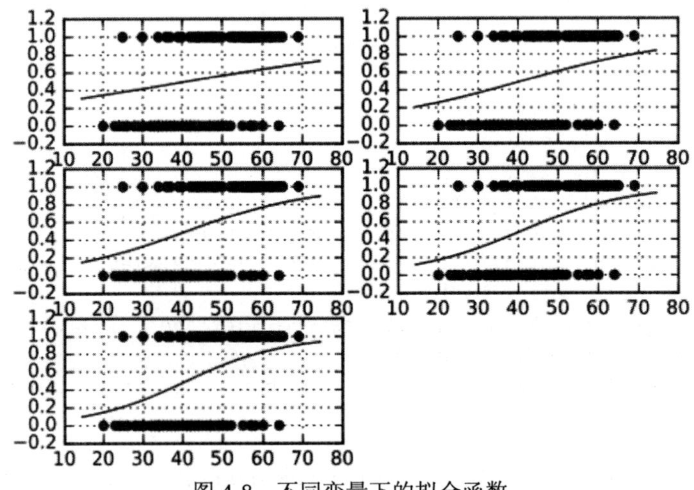

图4-8　不同变量下的拟合函数

4.3.7 完整源代码

完整源代码如下：

```
import pandas as pd
import numpy as np
get_ipython().magic(u'matplotlib inline')
import matplotlib.pyplot as plt
import tensorflow as tf

df = pd.read_csv("data/CHD.csv", header=0)


# Parameters

learning_rate = 0.2
training_epochs = 5
batch_size = 100
display_step = 1
sess = tf.Session()
b=np.zeros((100,2))
#print pd.get_dummies(df['admit']).values[1]
print sess.run(tf.one_hot(indices = [1, 3, 2, 4], depth=5, on_value = 1, off_
value = 0, axis = 1 , name = "a"))
#print a.eval(session=sess)


# tf Graph Input

x = tf.placeholder("float", [None, 1])
y = tf.placeholder("float", [None, 2])
# Create model
# Set model weights
W = tf.Variable(tf.zeros([1, 2]))
b = tf.Variable(tf.zeros([2]))


# Construct model
activation = tf.nn.softmax(tf.matmul(x, W) + b)
# Minimize error using cross entropy
cost = tf.reduce_mean(-tf.reduce_sum(y*tf.log(activation), reduction_indices=1)
) # Cross entropy
optimizer = tf.train.GradientDescentOptimizer(learning_rate).minimize(cost) # G
radient Descent


# Initializing the variables
```

```
init = tf.initialize_all_variables()


# Launch the graph

with tf.Session() as sess:
   tf.train.write_graph(sess.graph, './graphs','graph.pbtxt')
   sess.run(init)
   writer = tf.train.SummaryWriter('./graphs', sess.graph)
   #Initialize the graph structure

   graphnumber=321

   #Generate a new graph
   plt.figure(1)

   #Iterate through all the epochs
   for epoch in range(training_epochs):
       avg_cost = 0.
       total_batch = 400/batch_size
       # Loop over all batches

       for i in range(total_batch):
           # Transform the array into a one hot format

           temp=tf.one_hot(indices = df['chd'].values, depth=2, on_value = 1, o
ff_value = 0, axis = -1 , name = "a")
           batch_xs, batch_ys = (np.transpose([df['age']])-44.38)/11.721327, temp

           # Fit training using batch data
           sess.run(optimizer, feed_dict={x: batch_xs.astype(float), y: batch_y
s.eval()})

           # Compute average loss, suming the corrent cost divided by the batch
 total number
           avg_cost += sess.run(cost, feed_dict={x: batch_xs.astype(float), y:
batch_ys.eval()})/total_batch
       # Display logs per epoch step

       if epoch % display_step == 0:
          print "Epoch:", '%05d' % (epoch+1), "cost=", "{:.8f}".format(avg_cost)

          #Generate a new graph, and add it to the complete graph

          trX = np.linspace(-30, 30, 100)
          print (b.eval())
          print (W.eval())
          Wdos=2*W.eval()[0][0]/11.721327
          bdos=2*b.eval()[0]
```

```
            # Generate the probabiliy function
            trY = np.exp(-(Wdos*trX)+bdos)/(1+np.exp(-(Wdos*trX)+bdos) )

            # Draw the samples and the probability function, whithout the normali
zation
            plt.subplot(graphnumber)
            graphnumber=graphnumber+1

            #Plot a scatter draw of the random datapoints
            plt.scatter((df['age']),df['chd'])
            plt.plot(trX+44.38,trY) #Plot a scatter draw of the random datapoints
            plt.grid(True)

        #Plot the final graph
        plt.savefig("test.svg")
```

4.3.8　图像化表示

使用 TensorBoard 工具，我们能够观察到模型结构图 4-9。请注意，在一半的操作图形中，我们定义了主要的全局操作（doftmas），以及应用于其他项的梯度，这些是执行最小化损失函数所需要的。这是下面章节要讨论的主题。

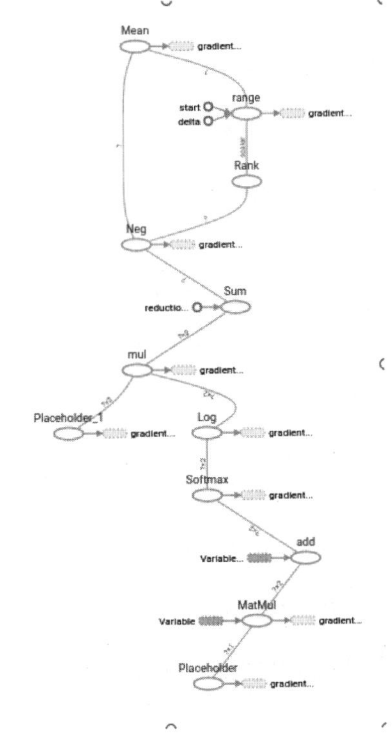

图 4-9　模型结构图

4.4 例2——基于 skflow 单变量逻辑回归

本例中，我们将会探索单变量的回归问题，不过要用一个新的库。这将会简化我们的创建流程，叫作 skflow。

4.4.1 有用的库和方法

在机器学习领域，会有很多库的变种。我们在第2章聚类中介绍了 sklearn。

就在 TensorFlow 发布后不久，skflow 就发布了。skflow 的目标是以模拟 sklearn 的接口运行 TensorFlow。这样比在 TensorFlow 的会话环境中运行会简化掉很多工作。

下面的实例中，我们将会重复之前的回归，不过以 skflow 的接口运行。

在本例中，我们将会学习如何生成一个具体的非常有组织的回归模型，只要设定一个日子文件夹作为参数即可。

4.4.2 数据集描述

数据集跟之前一样，我们使用 pandas 库加载数据：

```
import pandas as pd


df = pd.read_csv("data/CHD.csv", header=0)
print df.describe()
```

4.4.3 模型结构

模型结构的代码在 my_model 中：

```
def my_model(X, y):
  return skflow.models.logistic_regression(X, y)

X1 =a.fit_transform(df['age'].astype(float))
y1 = df['chd'].values
classifier = skflow.TensorFlowEstimator(model_fn=my_model, n_classes=2)
```

展开图 4-10 中的逻辑回归（logistic regress）域，我们能看到图 4-11 中的 softmax 分类器。

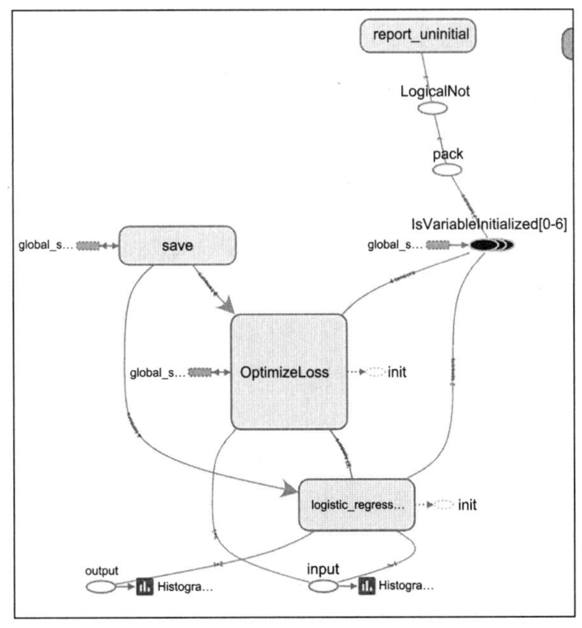

图 4-10 逻辑回归

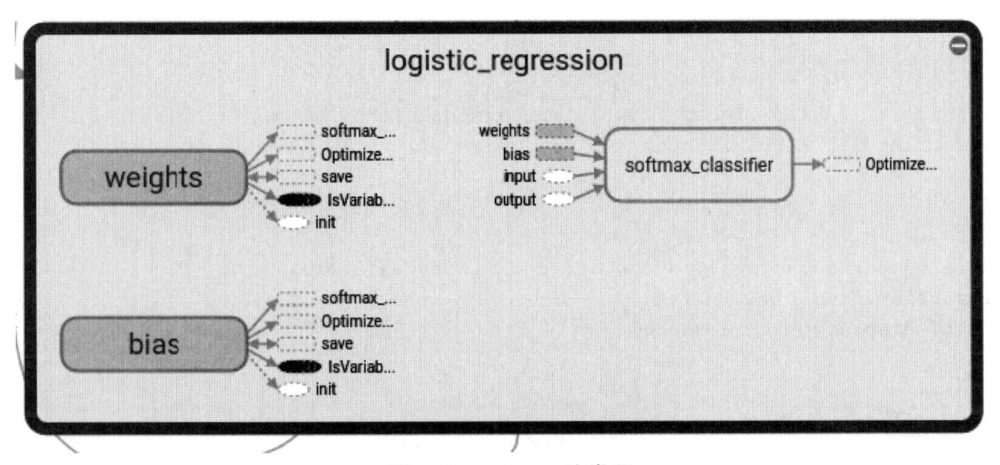

图 4-11 softmax 分类器

4.4.4 结果描述

```
score = metrics.accuracy_score(df['chd'].astype(float),
classifier.predict(X))
print("Accuracy: %f" % score)
```

输出结果还不错（因为模型简单），准确率是 74%。

```
Accuracy: 0.74000
```

4.4.5 完整源代码

完整的源代码如下：

```
import tensorflow.contrib.learn as skflow
from sklearn import datasets, metrics, preprocessing
import numpy as np
import pandas as pd

df = pd.read_csv("data/CHD.csv", header=0)
print df.describe()

def my_model(X, y):
    return skflow.models.logistic_regression(X, y)

a = preprocessing.StandardScaler()

X1 =a.fit_transform(df['age'].astype(float))

y1 = df['chd'].values


classifier = skflow.TensorFlowEstimator(model_fn=my_model, n_classes=2)
classifier.fit(X1,y1 , logdir='/tmp/logistic')



score = metrics.accuracy_score(df['chd'].astype(float),
classifier.predict(X))
print("Accuracy: %f" % score)
```

4.5 小结

本章中，我们学习了 Logistic 函数。我们使用该函数对分类问题建模，为输入预测它所属于的类。

我们还学习了如何用 pandas 库读取基于文本的数据。

此外，我们还学习了如何使用 skflow 库，该库是 TensorFlow 库的一个很好的补充。

下一章中，我们将会开始学习更复杂的结构，并进入 TensorFlow 最擅长的领域：人工神经网络。我们会学习怎样使用人工神经网络对现实世界的数据进行建模、训练和测试。

第 5 章
简单的前向神经网络

神经网络是 Tensorflow 最擅长的机器学习领域。TensorFlow 拥有一套符号引擎，它使得训练复杂模型变得更简单和方便。通过这套符号引擎，我们能够实现许多的模型结构和算法。

本章中，我们处理的问题相对于之前的章节，输入变量的数目将会变多，也会变得更加复杂。我们将学习和掌握处理这类问题的方法。

本章中，我们将会覆盖以下内容：

① 神经网络的基本概念；

② 神经网络用于回归非线性合成函数；

③ 使用非线性回归预测汽车燃料效率；

④ 学习葡萄酒分类——一种多类分类。

5.1 基本概念

在正式地使用和建立神经网络之前，我们需要学习以下神经网络的基本概念，这对于我们后面的学习非常有用。

5.1.1 人工神经元

人工神经元就是使用一个数学函数来对生物的神经元建模。

简单来说，一个人工神经元就是接受一个或者多个输入（训练数据），对它们加和，并产生一个输出。一般来说，这里面的加和指的是加权求和（每个输入乘上权重，并加上一个偏差），然后将加和的输入传递给一个非线性函数（一般称作激活函数或者转移函数）。

1. 最简单的人工神经元——感知器

感知器是实现人工神经元最简单的方法，它的历史可以追溯到 20 世纪 50 年代，在 20 世纪60年代的时候，首次被实现。

简单来说，感知器就是一个二元分类函数，它将输入映射到一个二元输出，如图5-1所示。

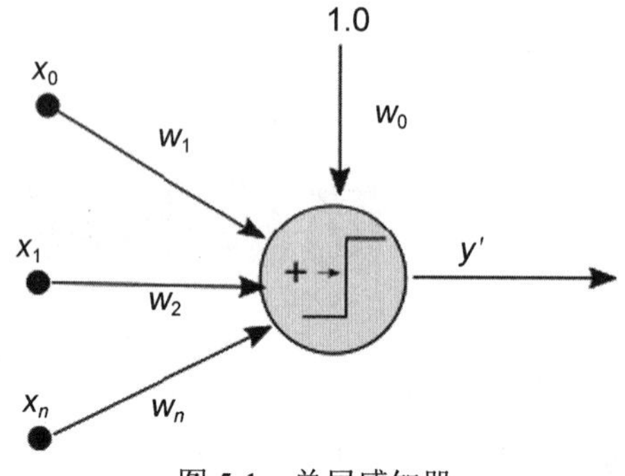

图5-1 单层感知器

2. 感知器算法

简化版的感知器算法如下：

① 以一个随机分布初始化权值和偏差（通常比较小）；

② 选择一个输入向量，并将其放入神经网络中；

③ 将输入与权重相乘，并加上偏差，计算网络的输出 y'；

④ 感知器的函数如下：

$$f(x)=\begin{cases}1 & \text{若 } w \bullet x+b>0 \\ 0 & \text{其他}\end{cases}$$

⑤ 如果 $y' \neq y$，将权重 w_i 加上 $\Delta w=yx_i$；

⑥ 返回第②步。

5.1.2 神经网络层

我们可以对单层的感知器进行泛华，将它们堆积起来，并互相连接，如图5-2所示。但这就带来一个问题，这样的线性组合出来的模型还只是一个线性分类器，对于复杂的非线性分类，这种方式并不能正确拟合，这个问题需要激活函数来解决。

1. 神经网络激活函数

单独的单变量线性分类器并不能带来神经网络的强悍性能。就算那些不是很复杂的机器学习问题都会涉及多变量和非线性，所以我们常常要用其他的转移函数来替代感知器中原本的转移函数。

有很多非线性函数可以用来做激活函数，从而表征不同的非线性模型。在输入同样的变量的时候，不同的激活函数有不同的响应。常用的激活函数如下：

- Logistic：典型的激活函数，在计算分类的概率时非常有用。

$$f(z)=\frac{1}{1+\exp(-z)}$$

- Tanh：跟 Sigmoid 函数很像，但是范围是[−1,1]，而不是[0,1]。

$$f(z)=\tanh(z)=\frac{e^{z}-e^{-z}}{e^{z}+e^{-z}}$$

- Relu：修正线性函数，该函数主要是为了对抗梯度消失。也就是当梯度反向传播到第一层的时候，梯度容易趋近于 0 或者一个极小值。

$$f(x)=\max(0, x)$$

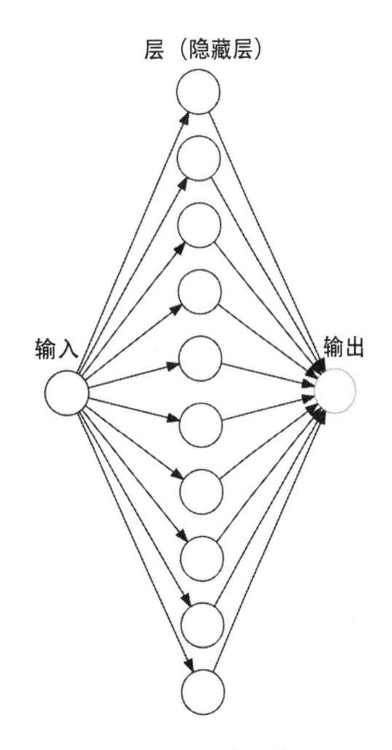

图 5-2　连接单层感知器

在我们计算总的误差的时候，因为是一整个函数作用于输入数据，所以我们要调整这个方程中的所有变量，来最小化方程。

怎样最小化误差呢？正如我们在优化部分所学，我们通过损失函数的梯度来最小化误差。

如果我们的网络拥有多层权重和转移函数，我们最终需要通过链式法则来求导所有参数的梯度。

2．梯度和反向传播算法

在感知器的学习阶段，我们按照每个权重对误差的“责任”，按比例调整权重。

在更复杂的网络中，误差的责任被分散在整个结构的所有操作之中。

3．最小化损失函数：梯度下降

我们由图 5-3 理解一下损失函数。

4．神经网络的选择-分类 vs 回归

神经网络既可以被用于回归问题，也可以被用于分类问题。不同的地方在于结构的最后一层。如果需要的结果是一个数值，那么就不要连接标准函数，如 sigmoid。如果是这样的话，我们得到的就是一个连续值。

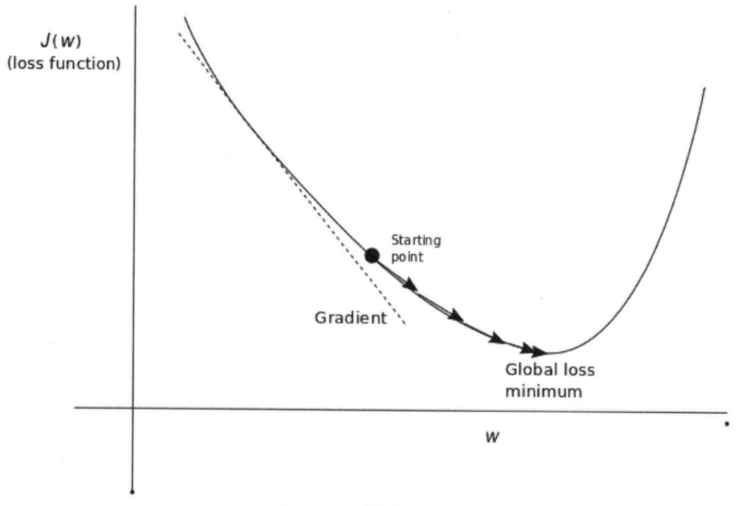

图 5-3 梯度下降

5.1.3 有用的库和方法

本章中我们会用到 TensorFlow 中一些新的函数，下面是我们需要的最重要的函数：

1. TensorFlow 激活函数

最常用的激活函数如下：

- tf.sigmoid(x)：标准的 sigmoid 函数；
- tf.tanh(x)：双曲正切函数；
- tf.nn.relu(x)：修正线性函数；

TensorFlow 中其他的函数：

- tf.nn.elu(x)：指数线性单元；如果输入小于 0，返回 exp(x)−1；否则，返回 x；
- tf.softsign(x)：返回 x/(abs(x)+1)；
- tf.nn.bias_add(value,bias)：增加一个 bias 到 value。

2. TensorFlow 中损失优化方法

- tf.train.GradientDescentOptimizer(learning_rate, use_locking, name)：原始梯度下降方法，唯一参数就是学习率。
- tf.train.AdagradOptimizer：自适应调整学习率，累加历史梯度的平方，作为分母，防止有些方向的梯度值过大，提高优化效率，善于处理稀疏梯度。
- tf.train.AdadeltaOptimizer：扩展 AdaGrad 优化方法，只累加最近的梯度值，而不对整个历史上的梯度值进行累加。

- tf.train.AdamOptimizertf.train.AdamOptimizer. (learning_rate, beta1, beta2, epsilon, use_locking, name)：梯度的一阶矩估计和二阶矩估计动态调整每个参数的学习率。Adam 是自适应矩估计（Adaptive Moment Estimation）的首字母缩写。

3. Sklearn 预处理函数

我们看一些下面的 Sklearn 数据预处理函数：

- preprocessing.StandardScaler()：数据正规化（Normalization）是机器学习估计的一个常见要求，为了模型能更好地收敛，我们通常会将数据集预处理到一个零均值单位方差的高斯状分布。通常，我们会将数据的各个维度都减去它的均值，然后乘上一个非零的数。这个非零的数就是数据集的标准差。对于该任务，我们直接使用 StandardScaler，它已经实现了我们上面提到的操作。它也保留了变换操作，让我们可以直接用在测试集上。
- StandardScaler .fit_transform()：将数据调整到所需要的形式。StandardScaler 对象会存储数据变化的变量，这样我们可以把数据解正规化到原先的格式。
- cross_validation.train_test_split：该方法能够将数据集分割成训练集和测试集。我们只需要提供两者的比例，该方法能够自动帮我们处理。

5.2 例 1——非线性模拟数据回归

人工神经网络的应用包含了很多的分类任务，但是事实上，很多这些分类任务都是用回归来实现的。

分类和回归的网络结构差的并不多，都可以使用多变量的输入，以及线性或者非线性的激活函数。

在一些例子中，唯一要变的就是在输出层，连接上 Sigmoid 状的函数，该函数能够表征结果为各个类别的可能性。

在第一个例子中，我们使用一个简单的带噪声的二次方程生成样本。模型我们使用带一个隐含层的神经网络，然后检测预测值跟真实值的距离远近。

5.2.1 数据集描述和加载

本例中，我们使用生成的数据集，这跟第 3 章线性回归类似。

我们这次选择的方程是一个二次方程，并加上随机噪声，这有助于帮助我们测试回归的泛化能力。

核心代码如下：

```
import numpy as np
trainsamples = 200
testsamples = 60
dsX = np.linspace(-1, 1, trainsamples + testsamples).transpose()
dsY = 0.4* pow(dsX,2) +2 * dsX + np.random.randn(*dsX.shape) * 0.22 + 0.8
```

5.2.2 数据集预处理

本例中的数据集不需要预处理，因为它是我们人工生成的，具有更好的性能，比如能够保证数据范围是(−1,1)。

5.2.3 模型结构——损失函数描述

本例中的损失函数使用均方误差，由以下代码实现：

```
cost = tf.pow(py_x-Y, 2)/(2)
```

5.2.4 损失函数优化器

本例中，我们使用梯度下降作为损失函数优化器，可以用以下代码实现：

```
train_op = tf.train.AdamOptimizer(0.5).minimize(cost)
```

5.2.5 准确度和收敛测试

```
predict_op = tf.argmax(py_x, 1)
cost1 += sess.run(cost, feed_dict={X: [[x1]], Y: y1}) / testsamples
```

5.2.6 完整源代码

完整源代码如下：

```
import tensorflow as tf
import numpy as np
from sklearn.utils import shuffle
%matplotlib inline
import matplotlib.pyplot as plt
trainsamples = 200
testsamples = 60
#Here we will represent the model, a simple imput, a hidden layer of
sigmoid activation
```

```
def model(X, hidden_weights1, hidden_bias1, ow):
    hidden_layer = tf.nn.sigmoid(tf.matmul(X, hidden_weights1)+ b)
    return tf.matmul(hidden_layer, ow)
dsX = np.linspace(-1, 1, trainsamples + testsamples).transpose()
dsY = 0.4* pow(dsX,2) +2 * dsX + np.random.randn(*dsX.shape) * 0.22 + 0.8
plt.figure() # Create a new figure
plt.title('Original data')
plt.scatter(dsX,dsY) #Plot a scatter draw of the datapoints
X = tf.placeholder("float")
Y = tf.placeholder("float")
# Create first hidden layer
hw1 = tf.Variable(tf.random_normal([1, 10], stddev=0.1))
# Create output connection
ow = tf.Variable(tf.random_normal([10, 1], stddev=0.0))
# Create bias
b = tf.Variable(tf.random_normal([10], stddev=0.1))
model_y = model(X, hw1, b, ow)
# Cost function
cost = tf.pow(model_y-Y, 2)/(2)
# construct an optimizer
train_op = tf.train.GradientDescentOptimizer(0.05).minimize(cost)
# Launch the graph in a session
with tf.Session() as sess:
    tf.initialize_all_variables().run() #Initialize all variables
    for i in range(1,100):
         dsX, dsY = shuffle (dsX.transpose(), dsY) #We randomize the samples
to mplement a better training
         trainX, trainY =dsX[0:trainsamples], dsY[0:trainsamples]
         for x1,y1 in zip (trainX, trainY):
              sess.run(train_op, feed_dict={X: [[x1]], Y: y1})
         testX, testY = dsX[trainsamples:trainsamples + testsamples],
dsY[0:trainsamples:trainsamples+testsamples]
         cost1=0.
         for x1,y1 in zip (testX, testY):
              cost1 += sess.run(cost, feed_dict={X: [[x1]], Y: y1}) /
testsamples
         if (i%10 == 0):
              print "Average cost for epoch " + str (i) + ":" + str(cost1)
```

5.2.7　结果描述

生成的人工数据的散点图如图 5-4 所示。

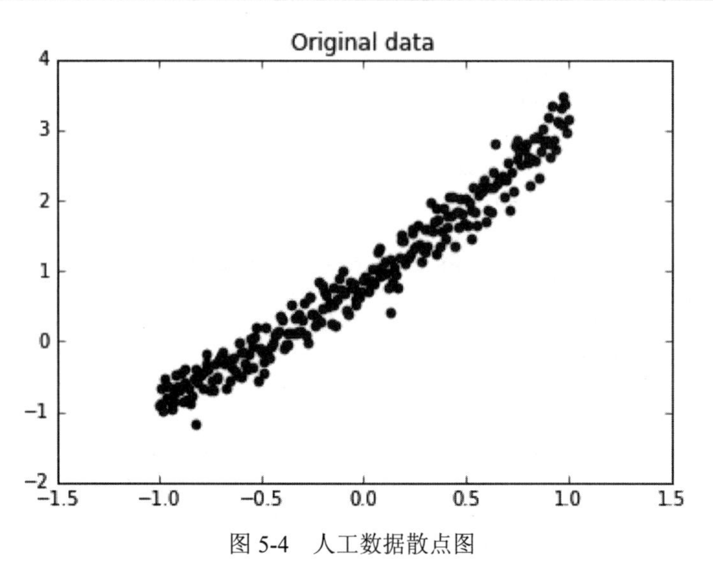

图 5-4 人工数据散点图

由以下每次迭代的结果，我们知道该实现结果非常好，甚至在第一次迭代的时候就取得了不错的结果。

```
Average cost for epoch 1:[[ 0.00753353]]
Average cost for epoch 2:[[ 0.00381996]]
Average cost for epoch 3:[[ 0.00134867]]
Average cost for epoch 4:[[ 0.01020064]]
Average cost for epoch 5:[[ 0.00240157]]
Average cost for epoch 6:[[ 0.01248318]]
Average cost for epoch 7:[[ 0.05143405]]
Average cost for epoch 8:[[ 0.00621457]]
Average cost for epoch 9:[[ 0.0007379]]
```

5.3 例 2——通过非线性回归，对汽车燃料效率建模

本例中，我们会进入一个新的领域：解决非线性问题。该领域是神经网络附加值最大的领域。开始该旅程之前，我们会对几个汽车型号的燃料效率建模。该问题的输入是多个变量，只有非线性模型才能取得比较好的结果。

5.3.1 数据集描述和加载

对该问题，我们会分析一个著名的、标准的、数据组织得很好的数据集。我们有一个多变量的输入（有连续的，也有离散的），预测每加仑英里数（mpg）。

这是一个玩具级例子，但是这个例子会铺开通往更复杂问题的道路。而且该例子还有个好

处，就是被大量研究过。

数据集由如下的列组成。

- mpg：每加仑英里数，连续。
- cylinders：气缸，多值离散。
- displacement：排量，连续。
- horsepower：马力，连续。
- weight：车重，连续。
- acceleration：加速度，连续。
- model year：年份，多值离散。
- origin：产地，多值离散。
- car name：车名，字符串（不会被使用）。

我们不会对该数据做详细的分析，我们只是想看一下每一个连续的变量都跟目标变量的增减相关，如图 5-5 所示。

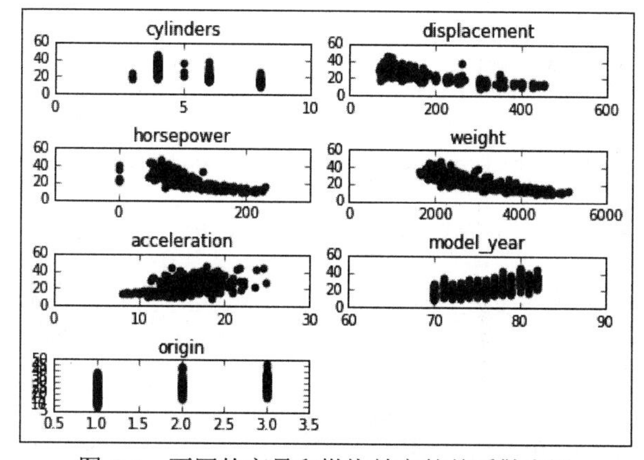

图 5-5　不同的变量和燃烧效率的关系散点图

5.3.2　数据预处理

本例中，我们会使用一个前面描述的 sklearn 中的 StandardScaler 对象：

- scaler = preprocessing.StandardScaler()
- X_train = scaler.fit_transform(X_train)

5.3.3　模型架构

我们需要建立的是一个多变量输入，单变量输出的前向神经网络，如图 5-6 所示。

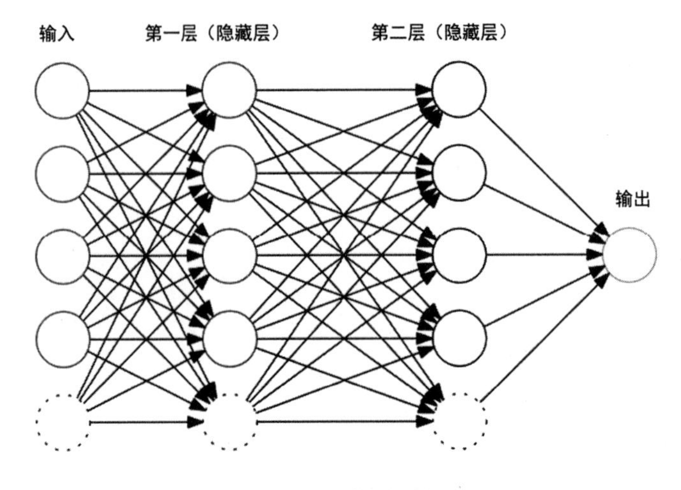

图 5-6 模型架构

5.3.4 准确度测试

我们用以下代码实现准确度测试：

```
score =
metrics.mean_squared_error(regressor.predict(scaler.transform(X_test)),
y_test)
print(" Total Mean Squared Error: " + str(score))
```

5.3.5 结果描述

```
Step #99, avg. train loss: 182.33624
Step #199, avg. train loss: 25.09151
Step #300, epoch #1, avg. train loss: 11.92343
Step #400, epoch #1, avg. train loss: 11.20414
Step #500, epoch #1, avg. train loss: 5.14056
Total Mean Squared Error: 15.0792258911
```

5.3.6 完整源代码

完整源代码如下：

```
%matplotlib inline
import matplotlib.pyplot as plt
import pandas as pd

from sklearn import datasets, cross_validation, metrics
```

```
from sklearn import preprocessing
from tensorflow.contrib import skflow

# Read the original dataset
df = pd.read_csv("data/mpg.csv", header=0)
# Convert the displacement column as float
df['displacement']=df['displacement'].astype(float)
# We get data columns from the dataset
# First and last (mpg and car names) are ignored for X
X = df[df.columns[1:8]]
y = df['mpg']

plt.figure() # Create a new figure

for i in range (1,8):
     number = 420 + i
     ax1.locator_params(nbins=3)
     ax1 = plt.subplot(number)
     plt.title(list(df)[i])
     ax1.scatter(df[df.columns[i]],y) #Plot a scatter draw of the
datapoints
plt.tight_layout(pad=0.4, w_pad=0.5, h_pad=1.0)
# Split the datasets

X_train, X_test, y_train, y_test = cross_validation.train_test_split(X, y,

test_size=0.25)

# Scale the data for convergency optimization
scaler = preprocessing.StandardScaler()

# Set the transform parameters
X_train = scaler.fit_transform(X_train)

# Build a 2 layer fully connected DNN with 10 and 5 units respectively
regressor = skflow.TensorFlowDNNRegressor(hidden_units=[10, 5],
steps=500, learning_rate=0.051, batch_size=1)

# Fit the regressor
regressor.fit(X_train, y_train)

# Get some metrics based on the X and Y test data
score =
metrics.mean_squared_error(regressor.predict(scaler.transform(X_test)),
y_test)

print(" Total Mean Squared Error: " + str(score))
```

5.4 例3——多类分类：葡萄酒分类

本部分，我们会处理一个更复杂的数据集，预测葡萄酒的原产地。

5.4.1 数据集描述和加载

这个数据集包含了3种不同起源的葡萄酒，每个数据有13个属性。这些葡萄酒都由意大利制造，但是原产地不一样。

数据变量：

- Alcohol：酒精度。
- Malic acid：苹果酸。
- Ash：灰。
- Alcalinity of ash：灰分的碱度。
- Magnesium：镁含量。
- Total phenols：总酚类。
- Flavanoids：黄烷类。
- Nonflavanoid phenols：非类黄烷酚。
- Proanthocyanins：原花青素。
- Color intensity：颜色强度。
- Hue：色相。
- OD280/OD315 of diluted wines：稀释葡萄酒的OD280 / OD315。
- Proline：脯氨酸。

读取该数据集，我们只需要调用pandas库即可。

```
df = pd.read_csv("./wine.csv", header=0)
```

5.4.2 数据集预处理

因为该csv文件从1开始，为数据减去该偏差：

```
y = df['Wine'].values-1
```

对于其结果，我们使用一位有效编码：

```
Y = tf.one_hot(indices = y, depth=3, on_value = 1., off_value = 0., axis =
```

```
1 , name = "a").eval()
```

不同变量跟原产地关系散点图如图 5-7 所示。同样，我们会选择预先打乱数据：

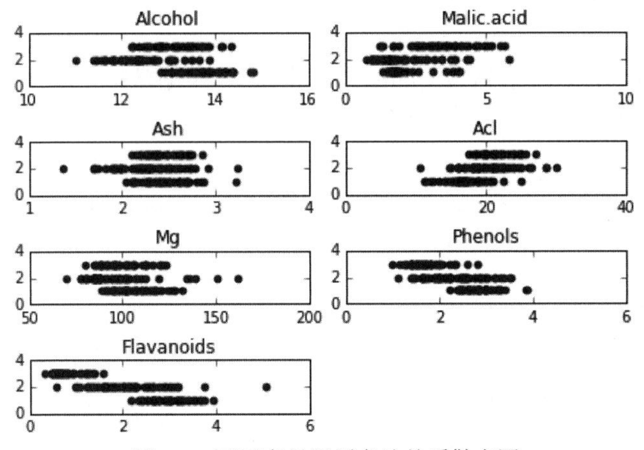

图 5-7 不同变量跟原产地关系散点图

```
X, Y = shuffle (X, Y)
scaler = preprocessing.StandardScaler()
X = scaler.fit_transform(X)
```

5.4.3 模型架构

该模型只需要一个单层的全链接神经网络：

- x = tf.placeholder(tf.float32, [None, 12])。
- W = tf.Variable(tf.zeros([12, 3]))。
- b = tf.Variable(tf.zeros([3]))。
- y = tf.nn.softmax(tf.matmul(x, W) + b)。

5.4.4 损失函数描述

我们选择交叉熵作为损失函数：

```
y_ = tf.placeholder(tf.float32, [None, 3])
cross_entropy = tf.reduce_mean(-tf.reduce_sum(y_ * tf.log(y),
reduction_indices=[1]))
```

5.4.5 损失函数优化器

我们又一次选择梯度下降作为损失函数的优化器。

```
train_step = tf.train.GradientDescentOptimizer(0.1).minimize(cross_entropy)
```

5.4.6 收敛性测试

在收敛性测试中，我们将正确预测的结果算作 1，错误预测的结果算作 0，计算它们的均值，作为该模型的准确度。

```
correct_prediction = tf.equal(tf.argmax(y, 1), tf.argmax(y_, 1))
accuracy = tf.reduce_mean(tf.cast(correct_prediction, tf.float32))
print(accuracy.eval({x: Xt, y_: Yt}))
```

5.4.7 结果描述

正如我们所见，准确度会随着迭代的次数而波动，但一直是一个大于 90%的准确率，远高于 30%的基准线（如果我们随机猜测一个 0～3 的结果）。

```
0.973684
0.921053
0.921053
0.947368
0.921053
```

5.4.8 完整源代码

完整源代码如下：

```
sess = tf.InteractiveSession()
import pandas as pd
# Import data
from tensorflow.examples.tlutorials.mnist import input_data
from sklearn.utils import shuffle
import tensorflow as tf


from sklearn import preprocessing

flags = tf.app.flags
FLAGS = flags.FLAGS

df = pd.read_csv("./wine.csv", header=0)
print (df.describe())
#df['displacement']=df['displacement'].astype(float)
X = df[df.columns[1:13]].values
y = df['Wine'].values-1
Y = tf.one_hot(indices = y, depth=3, on_value = 1., off_value = 0., axis =
```

```
1 , name = "a").eval()

X, Y = shuffle (X, Y)

scaler = preprocessing.StandardScaler()
X = scaler.fit_transform(X)

# Create the model
x = tf.placeholder(tf.float32, [None, 12])
W = tf.Variable(tf.zeros([12, 3]))
b = tf.Variable(tf.zeros([3]))
y = tf.nn.softmax(tf.matmul(x, W) + b)

# Define loss and optimizer
y_ = tf.placeholder(tf.float32, [None, 3])
cross_entropy = tf.reduce_mean(-tf.reduce_sum(y_ * tf.log(y),
reduction_indices=[1]))
train_step = tf.train.GradientDescentOptimizer(0.1).minimize(cross_entropy)
# Train
tf.initialize_all_variables().run()
for i in range(100):
X,Y =shuffle (X, Y, random_state=1)

Xtr=X[0:140,:]
Ytr=Y[0:140,:]

Xt=X[140:178,:]
Yt=Y[140:178,:]
Xtr, Ytr = shuffle (Xtr, Ytr, random_state=0)
#batch_xs, batch_ys = mnist.train.next_batch(100)
batch_xs, batch_ys = Xtr , Ytr
train_step.run({x: batch_xs, y_: batch_ys})
cost = sess.run (cross_entropy, feed_dict={x: batch_xs, y_: batch_ys})
# Test trained model
correct_prediction = tf.equal(tf.argmax(y, 1), tf.argmax(y_, 1))
accuracy = tf.reduce_mean(tf.cast(correct_prediction, tf.float32))
print(accuracy.eval({x: Xt, y_: Yt}))
```

5.5 小结

在本章中，我们开始学习 TensorFlow 最强的功能：神经网络模型。

通过使用生成模型和实验模型，我们同时实现了神经网络的回归和分类。

在下一章中，我们将会深入新的模型结构，并且将神经网络模型用到其他的知识领域，如将卷积神经网络用于计算机视觉。

第 6 章
卷积神经网络

很多最新的神经网络模型都包含卷积神经网络。在很多领域有它们的身影，但是用得最多的地方是图像分类和特征提取。

本章中将包括以下主题：

- 了解卷积函数和卷积网络的运行原理，掌握构建卷积网络的操作；
- 在图像数据上使用卷积神经网络，并掌握提升准确率的数据预处理技术；
- 使用卷积神经网络对 MNIST 数据集进行分类；
- 使用卷积神经网络对 CIFAR 数据集进行分类。

6.1 卷积神经网络的起源

Fukushima 教授在 1980 年发表了一篇文章，提出了一种新识别器，这是卷积网络的最早实现。该网络是一种自组织的神经网络，拥有平移和扭曲不变性。

1986 年 Rumelhart 等人在反向传播（back propagation）那篇论文的书籍版中提到了这个思想。在 1988 年的一篇关于语言识别中的暂态信号的文章中，也使用了卷积神经网络。

1988 年，LeCun 在他的文章《基于梯度学习的文本分类》中回顾了之前的卷积神经网络的设计，提出了 LeNet-5 网络，该网络还可以用于手写数字识别。当时几种变种 SVM 算法在手写数字识别上取得最好的效果，但是 LeNet-5 仍然超过了它们。

后来在 2003 年，有一篇文章《基于层次神经网络的图像解释》对该模型做了扩展。但是，本章中，我们主要使用 LeCun 的 LeNet 架构。

6.1.1 卷积初探

要想理解卷积操作，我们首先学习卷积函数，然后再将该函数应用于信息领域。

遵循卷积的发展历史，我们首先从连续域开始。

1. 连续卷积

卷积最早的历史能够追溯到 18 世纪；通俗点讲，卷积就是两个操作在时间维度上的融合。用数学公式可以表示如下：

$$(f \bullet g)(\tau) = \int_{-\infty}^{\infty} f(\tau) g(t-\tau) \mathrm{d}\tau$$

如果我们从算法的角度来理解这个概念，这个操作能够被分解为如下步骤：

1）信号翻转：对应 $(t-\tau)$ 这个部分的符号。

2）信号平移：对应于函数 g 中的参数 t。

3）信号相乘：f 和 g 的相乘。

4）信号积分：这个没有前 3 个部分直观，因为结果中的每个瞬时值都是一个积分的结果，如图 6-1 所示。

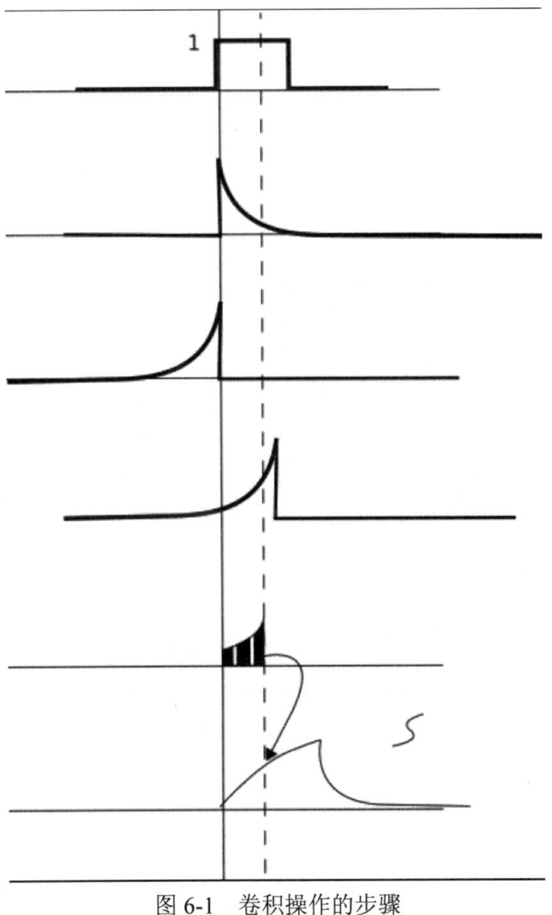

图 6-1　卷积操作的步骤

2. 离散卷积

卷积的使用范围可以被延展到离散域，对应的数学表示为：

$$(f \bullet g)[n] = \sum_{m=-\infty}^{\infty} f(m)g(n-m)$$

3. 核与卷积

当我们在离散域进行离散操作时，核（kernel）就是一个非常重要的概念。

核是一个 $n \times m$ 的矩阵，n 和 m 是每个维度上的元素数目，通常 $n=m$。

卷积操作包括：首先将相应的元素乘上核，每个像素乘一次，然后把所有的值相加，最后把相加后的结果赋值给中心像素。

移动卷积矩阵，应用同样的操作，直到所有的元素都被遍历。

在图 6-2 的示例中，我们拥有一个图像和一个 3×3 的核，如图 6-2 所示。这种 3×3 的核在图像处理中非常常见。

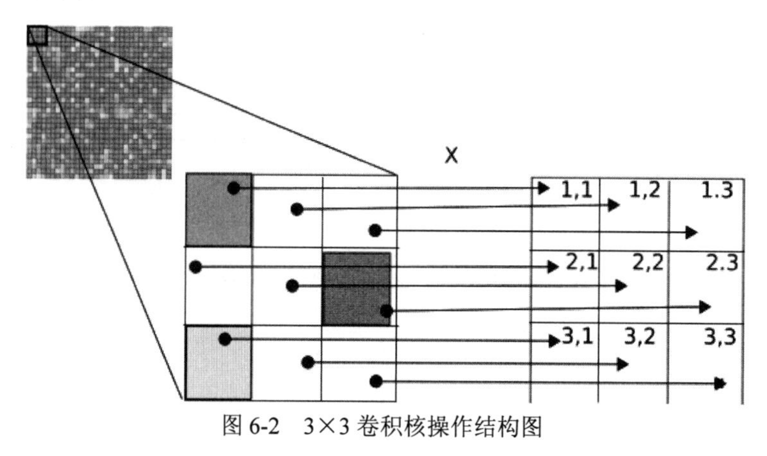

图 6-2 3×3 卷积核操作结构图

4. 卷积操作的解释

在学习过连续和离散域的卷积操作之后，我们来学习卷积在机器学习中的应用。

卷积核的作用在于强化或者隐藏模式（pattern）。通过训练好的参数（在下面的例子中是手动设置），我们可以发现模式，如不同维度的方向和边缘。我们也可以通过模糊核去除我们不想要的细节和异常点。

正如 LeCun 在他的论文中所说：

“卷积网络可以被认为本身集成了特征提取器。”

这使得卷积神经网络可以被看成一种先进的数据处理方式；对于一个特定的数据集，我们可以非常灵活地将卷积神经放在整个模型的前面部分。

5. 在 TensorFlow 中使用卷积

TensorFlow 为卷积操作提供了很多方法。典型的形式是 conv2d 操作。

```
    tf.nn.conv2d(input, filter, strides, padding, use_cudnn_on_gpu,data_format, nam
e=None)
```

其参数的使用方法如下。

- input：这是输入的张量，卷积操作就是在 input 上进行。该张量限定了四维的格式，默认的顺序如下：[batch, in_height, in_width, in_channels]。batch 是你准备的图像的数量。这个顺序叫作 NHWC。还有一个选择是 NCWH。比如，单个 100×100 像素的彩色图像有如下 shape：[1,100,100,3]。
- filter：这个张量表示了一个核或者滤波器，格式如下：[filter_height, filter_width, in_channels, out_channels]
- strides：这是 4 个整型数据的列表。该变量表示每个维度上窗口滑动的步长。
- Padding：可以选择为 SAME 或者 VALID。SAME 会保留原始张量的维度，而 VALID 将会改变输出张量的大小。
- data_format：这个参数表示张量的组织方式（NHWC 或者 NCWH）。

6. 其他的卷积操作

TensorFlow 提供了很多有用卷积操作的方法，其他几种如下。

- tf.nn.conv2d_transpose：conv2d 的梯度操作，在解卷积网络中经常使用。
- tf.nn.conv1d：执行一维卷积操作，输入是一个三维张量和一个滤波张量。
- tf.nn.conv3d：执行三维卷积操作，输入是一个五维张量和一个滤波张量。

7. 示例代码——对灰度图像采用卷积操作

在示例代码中，我们会读取一个 GIF 格式的灰度图像。在内存会存成一个 RGB 三个通道值都相等的三通道张量。我们会使用卷积操作（设置一个卷积核）将图像转成一个真灰度矩阵，并将结果输出成一个 JPEG 格式的文件。

注意，我们可以微调 kernel 变量，来观察其对结果的影响。

下面是样例代码：

```
import tensorflow as tf
```

```
#Generate the filename queue, and read the gif files contents
filename_queue = tf.train.string_input_producer(
  tf.train.match_filenames_once("data/test.gif"))
reader = tf.WholeFileReader()
key, value = reader.read(filename_queue)
image=tf.image.decode_gif(value)

#Define the kernel parameters
kernel=tf.constant(
        [
         [[[-1.]],[[-1.]],[[-1.]]],
         [[[-1.]],[[8.]],[[-1.]]],
         [[[-1.]],[[-1.]],[[-1.]]]
         ]
   )

#Define the train coordinator
coord = tf.train.Coordinator()

with tf.Session() as sess:
   tf.initialize_all_variables().run()
   threads = tf.train.start_queue_runners(coord=coord)
   #Get first image
   image_tensor = tf.image.rgb_to_grayscale(sess.run([image])[0])
   #apply convolution, preserving the image size
   imagen_convoluted_tensor=tf.nn.conv2d(tf.cast(image_tensor, tf.float32),kern
el,[1,1,1,1],"SAME")
   #Prepare to save the convolution option
   file=open ("blur2.jpeg", "wb+")
   #Cast to uint8 (0..255), previous scalation, because the convolution could a
lter #the scale of the final image
   out=tf.image.encode_jpeg(tf.reshape(tf.cast(
     imagen_convoluted_tensor/tf.reduce_max(
     imagen_convoluted_tensor)*255.,
     tf.uint8), tf.shape(imagen_convoluted_tensor.eval()[0]).eval()))
   file.close()
   coord.request_stop()
coord.join(threads))
```

8．卷积核对结果的影响

你可以观察到核变量是怎样影响输出的结果的。第一幅图是原始图像，如图 6-3 所示。

从左到右、从上到下的卷积核依次是“模糊（blur）”“向下 Sobel（一种自上向下寻找边缘的算法）”“emboss（增强角边缘）”“outline（自己写的滤波器）”，如图 6-4 所示。

图 6-3 原始图像

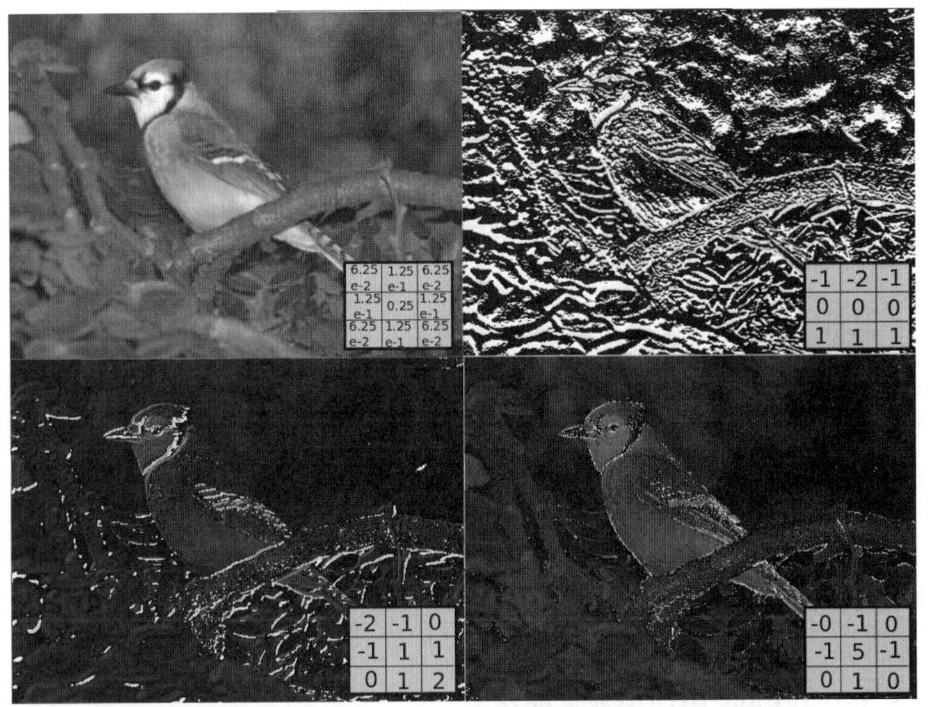

图 6-4 不同卷积核计算结果：左上角模糊 blur、右上角向下 Sobel、左下角 emboss、右下角 outline

6.1.2 降采样操作——池化

TensorFlow 中的降采样（subsampling）操作通过使用池化（pool）方法实现。该操作的基本思想就是用局部区域里面的一个值代替整个区域，常见的是 max_pool 和 avg_pool 两种方法。其中 max_pool 使用局部区域的最大值代替该区域所有元素，而 avg_pool 使用均值代替。

在图 6-5 中，你可以看到在一个 16×16 的矩阵上使用 2×2 的核。本例中使用的是最大值代替整个 2×2 区域。

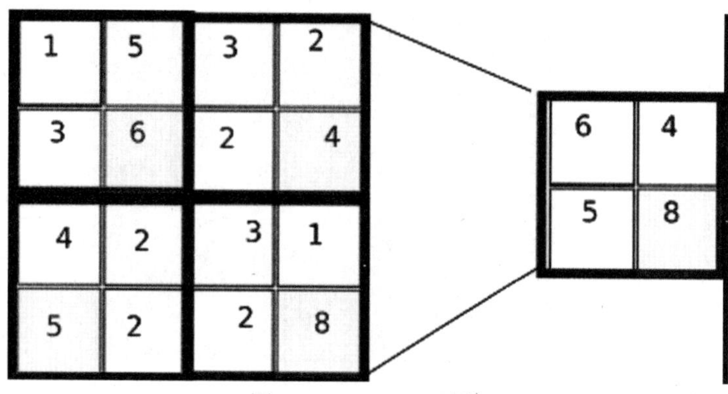

图 6-5　max_pool 示例

这种类型的池化操作也不是一成不变的。在 LeCun 的论文中，汇聚操作需要在原来的像素上乘上一个参数再加上一个偏差。

1. 降采样层的属性

降采样层的目标跟卷积层多少有些类似。它们都是降低信息的数量和复杂性的同时保存重要的信息元素。降采样操作是对重要信息的一种压缩表示。

2. 不变性

降采样层同样可以将一个复杂的信息简单化表示，通过滑动图像上的滤波器，我们将图像用其更有价值的部分表示，甚至能减少到大小为 1 的像素。相反的，该属性也让模型失去了位置特性信息。

3. 降采样层的性能

降采样层实现起来比较快，因为它大致上就是通过几组比较保留了一些信息，剔除了一些信息。

4. 在 TensorFlow 中使用池化操作

首先，我们分析最常用的池化操作——max_pool。它的用法如下：

```
tf.nn.max_pool(value, ksize, strides, padding, data_format, name)
```

该方法的用法跟 conv2d 类似，参数解释如下：

- value：四维的 float 32 类型张量，shape 为[batch length,height,width,channels]。
- ksize：整型列表，每个元素卷积窗口在每个维度上的大小。
- strides：窗口在每个维度上的滑动步长。
- data_format：数据的组织结构，可以为 NWC 或者 NCHW。
- padding：VALID 或者 SAME。

5. 其他的池化操作

- tf.nn.avg_pool：返回窗口中的均值。
- tf.nn.max_pool_with_argmax：除了返回 max_pool 的结果，还返回最大值的索引。
- tf.nn.avg_pool3d：三维的 avg_pool 操作，输入需要一个额外的深度信息。
- tf.nn.max_pool3d：跟 avg_pool3d 操作类似，不过执行的是 max 操作。

6. 示例代码

在下面的代码中，我们读入一个原始图像：

```
import tensorflow as tf

#Generate the filename queue, and read the gif files contents
filename_queue =
tf.train.string_input_producer(tf.train.match_filenames_once("data/test.gif"))
reader = tf.WholeFileReader()
key, value = reader.read(filename_queue)
image=tf.image.decode_gif(value)

#Define the coordinator
coord = tf.train.Coordinator()

def normalize_and_encode (img_tensor):
   image_dimensions = tf.shape(img_tensor.eval()[0]).eval()
   return tf.image.encode_jpeg(tf.reshape(tf.cast(img_tensor, tf.uint8),
    image_dimensions))

with tf.Session() as sess:
   maxfile=open ("maxpool.jpeg", "wb+")
   avgfile=open ("avgpool.jpeg", "wb+")
   tf.initialize_all_variables().run()
   threads = tf.train.start_queue_runners(coord=coord)

   image_tensor = tf.image.rgb_to_grayscale(sess.run([image])[0])

   maxed_tensor=tf.nn.avg_pool(tf.cast(image_tensor,
    tf.float32),[1,2,2,1],[1,2,2,1],"SAME")
   averaged_tensor=tf.nn.avg_pool(tf.cast(image_tensor,
   tf.float32),[1,2,2,1],[1,2,2,1],"SAME")

   maxfile.write(normalize_and_encode(maxed_tensor).eval())
   avgfile.write(normalize_and_encode(averaged_tensor).eval())
   coord.request_stop()
   maxfile.close()
   avgfile.close()
coord.join(threads)
```

在如图 6-6 和图 6-7 所示的图像中，我们看到了比原始图像小的图像。第一幅采用的是 max_pool 操作，第二个是 avg_pool 操作。正如你看到的一样，两个图像看上去相同，但其实还是有差别的。将最大值替代为均值之后，所有像素的点都变得小了或者相等。

图 6-6　max_pool 操作后的效果

图 6-7　avg_pool 操作后的效果

6.1.3 提高效率——dropout 操作

训练大规模神经网络经常遇到的一个问题就是过拟合（overfitting），也就是训练结果对于训练样本很友好，但是对于测试集不行。也就是说，模型的泛化效果不理想。

基于此，科学家发明了 dropout 操作。这个操作随机选择一些权重，将它们赋值为 0。

这个方法最大的优势就是避免了所有的神经元，同步地优化它们的权重。这种操作避免了所有的神经元收敛到同样的结果，从而达到了“解关联（decorrelating）”的作用。

dropout 的第二个优点就是能使得隐藏单元的激活变得稀疏，这是一个非常好的特性。

在图 6-8 中，我们展示了一个全链接的多层神经网络，并将 dropout 操作嵌入其中。

1. 在 TensorFlow 中应用 dropout

为了使用 dropout 操作，TensorFlow 实现了一个方法 tf.nn.dropout，它的使用方式如下：

```
tf.nn.dropout(x,keep_prob,noise_shape,seed,name)
```

参数的意义如下。

- x：原始张量。
- keep_prob：dropout 的概率，输出的非 0 元素是原来的“1/keep_prob”倍。
- noise_shape：这是一个 4 个元素的列表，用来决定某个维度是否使用 dropout。

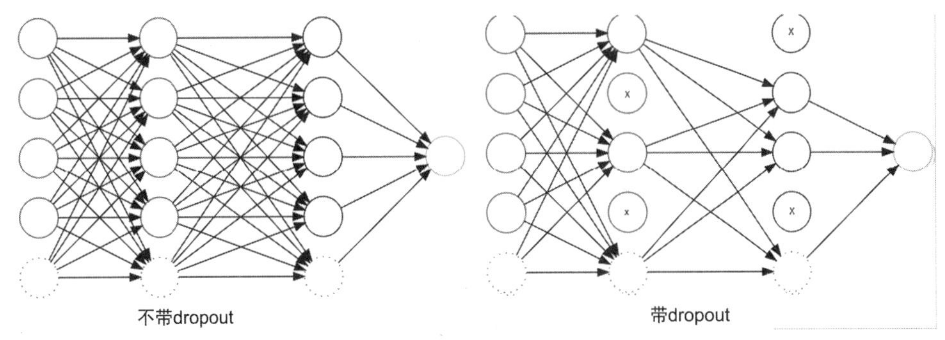

图 6-8　dropout 操作示例

2. 代码示例

在本例中，我们对一个向量使用 dropout 操作。从图 6-9 所示的案例中，我们可以看到，有 0.5 概率的元素被置零了。对于没有被置零的元素，它们的值都乘了 2（1/0.5，其中 0.5 是 dropout 的可能性）。

```
>>> import tensorflow as tf
>>> x=[1.0,.5,.75,.25,.2,.8, .4, .6]
>>> dropout=tf.nn.dropout(x,0.5)
>>> with tf.Session() as sess:
...     print sess.run(dropout)
...
[ 0.          0.          1.5         0.5         0.40000001  1.60000002
  0.          1.20000005]
```

图 6-9　代码示例

有一个可能会让你惊讶的地方：对于没有丢弃（drop）掉的元素，它们乘上了一个因子。这个操作的作用是为了维系原来的网络。

6.1.4　卷积类型层构建办法

构建卷积神经网络层，有许多实践和方法，很多已经成为深度神经网络中的准规范（quasi-canonical）。

为了方便构建卷积神经网络层，我们在这里介绍一些简单的构建函数。

1. 卷积层

这是一个卷积层的例子，一个卷积操作连接一个偏差（bias），结果送给一个激活函数，激活函数的输出作为这个卷积层的输出。Relu 操作是一个非常常用的激活函数。

```
def conv_layer(x_in, weights, bias, strides=1):
    x = tf.nn.conv2d(x, weights, strides=[1, strides, strides, 1],
    padding='SAME')
    x = tf.nn.bias_add(x_in, bias)
    return tf.nn.relu(x)
```

2. 降采样层

通过调用 max_pool 函数建立降采样层，按需求设置参数：

```
def maxpool2d(x, k=2):
    return tf.nn.max_pool(x, ksize=[1, k, k, 1], strides=[1, k, k, 1],
    padding='SAME')
```

6.2 例 1——MNIST 数字分类

本部分，我们介绍 MNIST 数据集。该数据集是模式识别的一个非常知名的数据集。最早的时候，该数据集是用来训练识别手写数字的神经网络的。

原始的数据集有 60 000 个数字用来做训练，另外 10 000 个做测试，我们这里使用它的一个子集。

图 6-10 是 LeNet-5 的结构，这是解决这个问题第一个知名的卷积神经网络。

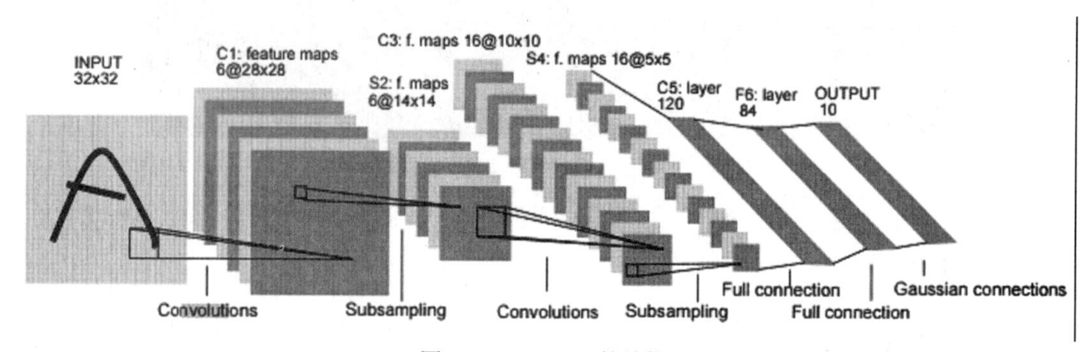

图 6-10　LeNet-5 的结构

6.2.1 数据集描述和加载

MNIST 是一个简单并易于读取的数据集，但是处理起来却没有那么简单。现在，有很多种算法可以解决这个问题。在例子中，我们建立一个简单的网络，并能取得远高于 10%（随机猜测）的结果。

为了获取 MNIST 数据集，我们需要使用 TensorFlow 中用于处理 MNIST 的方法。

通过以下两行代码，我们能够获取完整的 MNIST 数据集。

```
    plt.imshow(mnist.train.images[0].reshape((28, 28), order='C'),cmap='Greys',
interpolation='nearest')
```

在如图 6-11 所示的图像中，我们能够看到数据集的数据结构。

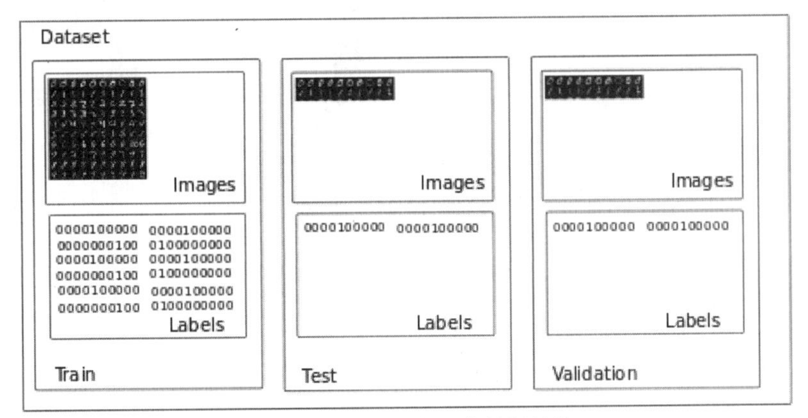

图 6-11　MNIST 数据集数据结构

通过下面的代码（见图 6-12），我们能够打开和探索 MNIST 数据集。

```
In [1]: from tensorflow.examples.tutorials.mnist import input_data

In [2]: mnist = input_data.read_data_sets("/tmp/data/", one_hot=True)
Extracting /tmp/data/train-images-idx3-ubyte.gz
Extracting /tmp/data/train-labels-idx1-ubyte.gz
Extracting /tmp/data/t10k-images-idx3-ubyte.gz
Extracting /tmp/data/t10k-labels-idx1-ubyte.gz

In [3]: mnist
   3    Datasets(train=<tensorflow.contrib.learn.python.learn.datasets.mnist.DataSet object at 0x7f20f0
3f5bd0>, validation=<tensorflow.contrib.learn.python.learn.datasets.mnist.DataSet object at 0x7f20f03f5
c50>, test=<tensorflow.contrib.learn.python.learn.datasets.mnist.DataSet object at 0x7f20f03f5c90>)

In [4]: mnist.train.images
   4
array([[ 0.,  0.,  0., ...,  0.,  0.,  0.],
       [ 0.,  0.,  0., ...,  0.,  0.,  0.],
       [ 0.,  0.,  0., ...,  0.,  0.,  0.],
       ...,
       [ 0.,  0.,  0., ...,  0.,  0.,  0.],
       [ 0.,  0.,  0., ...,  0.,  0.,  0.],
       [ 0.,  0.,  0., ...,  0.,  0.,  0.]], dtype=float32)

In [5]: mnist.train.labels
   5
array([[ 0.,  0.,  0., ...,  1.,  0.,  0.],
       [ 0.,  0.,  0., ...,  0.,  0.,  0.],
       [ 0.,  0.,  0., ...,  0.,  0.,  0.],
       ...,
       [ 0.,  0.,  0., ...,  0.,  0.,  0.],
       [ 0.,  0.,  0., ...,  0.,  0.,  0.],
       [ 0.,  0.,  0., ...,  0.,  1.,  0.]])

In [6]: 
```

图 6-12　加载和探索 MNIST 数据集

要想打印一个字符（在 Jupyter Notebook 中），我们首先需要重新组织一下图像，生成一个 28×28 的矩阵，通过如下代码可以绘制一个“数字”图像。

图 6-13 是这行代码应用于不同的数据集元素的结果。

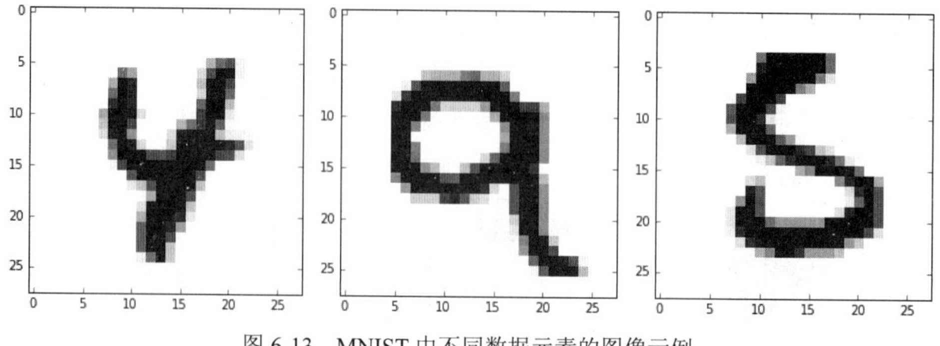

图 6-13 MNIST 中不同数据元素的图像示例

6.2.2 数据预处理

本例中，我们不做任何的数据预处理；但是如果对数据集进行增补，如平移、旋转或者扭曲，可以提高分类效果。

6.2.3 模型结构

此处，我们看一下为构建这个结构所用的不同的层：

首先是定义了一个权重和偏差的字典：

```
weights = {
'wc1': tf.Variable(tf.random_normal([5, 5, 1, 32])),
'wc2': tf.Variable(tf.random_normal([5, 5, 32, 64])),
'wd1': tf.Variable(tf.random_normal([7*7*64, 1024])),
'out': tf.Variable(tf.random_normal([1024, n_classes]))
}
biases = {
'bc1': tf.Variable(tf.random_normal([32])),
'bc2': tf.Variable(tf.random_normal([64])),
'bd1': tf.Variable(tf.random_normal([1024])),
'out': tf.Variable(tf.random_normal([n_classes]))
}
```

每一个 weight 都会匹配一个对应的 bias。

然后定义了链接层，一个接着另一个：

```
conv_layer_1 = conv2d(x_in, weights['wc1'], biases['bc1'])

conv_layer_1 = subsampling(conv_layer_1, k=2)

conv_layer_2 = conv2d(conv_layer_1, weights['wc2'], biases['bc2'])
```

```
conv_layer_2 = subsampling(conv_layer_2, k=2)


fully_connected_layer = tf.reshape(conv_layer_2, [-1,
weights['wd1'].get_shape().as_list()[0]])
fully_connected_layer = tf.add(tf.matmul(fully_connected_layer,
weights['wd1']), biases['bd1'])
fully_connected_layer = tf.nn.relu(fully_connected_layer)

fully_connected_layer = tf.nn.dropout(fully_connected_layer, dropout)

prediction_output = tf.add(tf.matmul(fully_connected_layer,
weights['out']), biases['out'])
```

对于每一个 weight，我们还要使用一个偏差（bias）来做常数偏移。

然后我们就可以定义卷积层和降采样层了，降采样层连接在卷积层后面。

6.2.4 损失函数描述

损失函数为交叉熵的均值，这是 softmax 回归常用的一种损失函数。

```
cost = tf.reduce_mean(tf.nn.softmax_cross_entropy_with_logits(pred, y))
```

6.2.5 损失函数优化器

本例中，我们使用一个改进的优化器 AdamOptimizer，并将学习率设置为 0.001。

```
optimizer = tf.train.AdamOptimizer
            (learning_rate=learning_rate).minimize(cost)
```

6.2.6 准确性测试

比较真实值和预测值，相同为 0，不同为 1。对上一步得到的结果取均值，就是我们的准确值。准确值将会在 0～1。

```
correct_pred = tf.equal(tf.argmax(pred, 1), tf.argmax(y, 1))
accuracy = tf.reduce_mean(tf.cast(correct_pred, tf.float32))
```

6.2.7 结果描述

该例子的结果非常简单，我们只取了其中 10 000 个样本做训练集。虽然结果并不理想，但是显然比随机猜（十分之一）高。

```
Optimization Finished!
Testing Accuracy: 0.382812
```

6.2.8 完整源代码

完整源代码如下：

```
import tensorflow as tf
%matplotlib inline
import matplotlib.pyplot as plt
# Import MINST data
from tensorflow.examples.tutorials.mnist import input_data
mnist = input_data.read_data_sets("/tmp/data/", one_hot=True)
# Parameters
learning_rate = 0.001
training_iters = 2000
batch_size = 128
display_step = 10


# Network Parameters
n_input = 784 # MNIST data input (img shape: 28*28)
n_classes = 10 # MNIST total classes (0-9 digits)
dropout = 0.75 # Dropout, probability to keep units


# tf Graph input
x = tf.placeholder(tf.float32, [None, n_input])
y = tf.placeholder(tf.float32, [None, n_classes])
keep_prob = tf.placeholder(tf.float32) #dropout (keep probability)


#plt.imshow(X_train[1202].reshape((20, 20), order='F'), cmap='Greys',
interpolation='nearest')


# Create some wrappers for simplicity
def conv2d(x, W, b, strides=1):
    # Conv2D wrapper, with bias and relu activation
    x = tf.nn.conv2d(x, W, strides=[1, strides, strides, 1],
    padding='SAME')
    x = tf.nn.bias_add(x, b)
    return tf.nn.relu(x)
def maxpool2d(x, k=2):
    # MaxPool2D wrapper
    return tf.nn.max_pool(x, ksize=[1, k, k, 1], strides=[1, k, k, 1],
                          padding='SAME')
# Create model
def conv_net(x, weights, biases, dropout):
```

```
    # Reshape input picture
    x = tf.reshape(x, shape=[-1, 28, 28, 1])

    # Convolution Layer
    conv1 = conv2d(x, weights['wc1'], biases['bc1'])
    # Max Pooling (down-sampling)
    conv1 = maxpool2d(conv1, k=2)

    # Convolution Layer
    conv2 = conv2d(conv1, weights['wc2'], biases['bc2'])
    # Max Pooling (down-sampling)
    conv2 = maxpool2d(conv2, k=2)

    # Fully connected layer
    # Reshape conv2 output to fit fully connected layer input
    fc1 = tf.reshape(conv2, [-1, weights['wd1'].get_shape().as_list()[0]])
    fc1 = tf.add(tf.matmul(fc1, weights['wd1']), biases['bd1'])
    fc1 = tf.nn.relu(fc1)
    # Apply Dropout
    fc1 = tf.nn.dropout(fc1, dropout)

    # Output, class prediction
    out = tf.add(tf.matmul(fc1, weights['out']), biases['out'])
    return out
# Store layers weight & bias
weights = {
# 5x5 conv, 1 input, 32 outputs
'wc1': tf.Variable(tf.random_normal([5, 5, 1, 32])),
# 5x5 conv, 32 inputs, 64 outputs
'wc2': tf.Variable(tf.random_normal([5, 5, 32, 64])),
# fully connected, 7*7*64 inputs, 1024 outputs
'wd1': tf.Variable(tf.random_normal([7*7*64, 1024])),
# 1024 inputs, 10 outputs (class prediction)
'out': tf.Variable(tf.random_normal([1024, n_classes]))
}


biases = {
'bc1': tf.Variable(tf.random_normal([32])),
'bc2': tf.Variable(tf.random_normal([64])),
'bd1': tf.Variable(tf.random_normal([1024])),
'out': tf.Variable(tf.random_normal([n_classes]))
}

# Construct model
pred = conv_net(x, weights, biases, keep_prob)

# Define loss and optimizer
cost = tf.reduce_mean(tf.nn.softmax_cross_entropy_with_logits(pred, y))
optimizer =
```

```
tf.train.AdamOptimizer(learning_rate=learning_rate).minimize(cost)

# Evaluate model
correct_pred = tf.equal(tf.argmax(pred, 1), tf.argmax(y, 1))
accuracy = tf.reduce_mean(tf.cast(correct_pred, tf.float32))

# Initializing the variables
init = tf.initialize_all_variables()

# Launch the graph
with tf.Session() as sess:
    sess.run(init)
    step = 1
    # Keep training until reach max iterations
    while step * batch_size < training_iters:
        batch_x, batch_y = mnist.train.next_batch(batch_size)
        test = batch_x[0]
        fig = plt.figure()
        plt.imshow(test.reshape((28, 28), order='C'), cmap='Greys',
        interpolation='nearest')
        print (weights['wc1'].eval()[0])
        plt.imshow(weights['wc1'].eval()[0][0].reshape(4, 8), cmap='Greys',
interpolation='nearest')
        # Run optimization op (backprop)
        sess.run(optimizer, feed_dict={x: batch_x, y: batch_y,
                                       keep_prob: dropout})
        if step % display_step == 0:
            # Calculate batch loss and accuracy
            loss, acc = sess.run([cost, accuracy], feed_dict={x: batch_x,
                                                              y: batch_y,
                                                          keep_prob: 1.})
            print "Iter " + str(step*batch_size) + ", Minibatch Loss= " + \
                  "{:.6f}".format(loss) + ", Training Accuracy= " + \
                  "{:.5f}".format(acc)
    step += 1
print "Optimization Finished!"

# Calculate accuracy for 256 mnist test images
print "Testing Accuracy:", \
    sess.run(accuracy, feed_dict={x: mnist.test.images[:256],
                                  y: mnist.test.labels[:256],
                                  keep_prob: 1.})
```

6.3 例 2——CIFAR10 数据集的图像分类

在本例中，我们将会处理一个图像处理领域非常流行的数据集 CIFAR10。该数据集虽然简单，但是非常通用。本例中，我们将会构建一个简单的 CNN 模型，通过使用该模型，我们学习处理分类问题的一般模型结构。

6.3.1 数据集描述和加载

数据集包含了 40 000 个 32×32 个像素的图像。包含以下的类：飞机、摩托、飞鸟、猫、鹿、狗、青蛙、马、船和卡车。本例中，我们只取前 10 000 个图像使用。

图 6-14 是从该数据集中挑选出来的几幅图像：

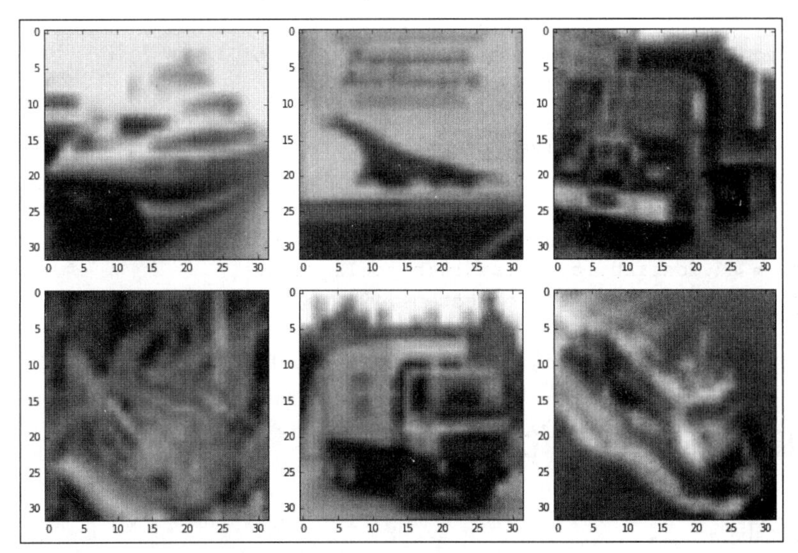

图 6-14 CIFAR 数据集中的部分图像

6.3.2 数据集预处理

我们首先把原始数据结构调整为[10000, 3, 32, 32]，然后再把该数据结构转化成需要的结构。将第一个通道的颜色数据移动到最后一个通道。

```
datadir='data/cifar-10-batches-bin/'
plt.ion()
G = glob.glob (datadir + '*.bin')
A = np.fromfile(G[0],dtype=np.uint8).reshape([10000,3073])
labels = A [:,0]
images = A [:,1:].reshape([10000,3,32,32]).transpose (0,2,3,1)
plt.imshow(images[14])
print labels[11]
images_unroll = A [:,1:]
```

6.3.3 模型结构

在这个模型中，我们接连使用了卷积和池化操作，最后使用了一个平展层和逻辑回归。使用逻辑回归的目的是计算当前的样品属于每个类的概率。

```
def conv_model (X, y):
    X= tf. reshape(X, [-1, 32, 32, 3])
    with tf.variable_scope('conv_layer1'):
       h_conv1=tf.contrib.layers.conv2d(X, num_outputs=16,
       kernel_size=[5,5], activation_fn=tf.nn.relu)#print (h_conv1)
       h_pool1=max_pool_2x2(h_conv1)#print (h_pool1)
    with tf.variable_scope('conv_layer2'):
       h_conv2=tf.contrib.layers.conv2d(h_pool1, num_outputs=16,
    kernel_size=[5,5], activation_fn=tf.nn.relu)
    #print (h_conv2)
    h_pool2=max_pool_2x2(h_conv2)
    h_pool2_flat = tf.reshape(h_pool2, [-1,8*8*16 ])
    h_fc1 = tf.contrib.layers.stack(h_pool2_flat,
    tf.contrib.layers.fully_connected ,[96,48], activation_fn=tf.nn.relu )

    return skflow.models.logistic_regression(h_fc1,y)
```

6.3.4 损失函数描述和优化器

使用函数如下：

```
classifier = skflow.TensorFlowEstimator(model_fn=conv_model, n_classes=10,
batch_size=100, steps=2000, learning_rate=0.01)
```

6.3.5 训练和准确性测试

通过这两行命令，我们能够开始拟合模型和计算训练模型的准确率。

```
%time classifier.fit(images, labels, logdir='/tmp/cnn_train/')
%time score =metrics.accuracy_score(labels, classifier.predict(images))
```

6.3.6 结果描述

表 6-1 是运行结果。

表 6-1　运行结果

Parameter	Result1	Result2
CPU times	user 35min 6s	user 39.8s
Sys	1min 50s	7.19s
Total	36min 57s	47s
Wall time	25min 3s	32.5s
Accuracy	0.612200	

6.3.7　完整源代码

完整源代码[①]如下：

```
import glob
import numpy as np
import matplotlib.pyplot as plt
import tensorflow as tf
import tensorflow.contrib.learn as skflow
from sklearn import metrics
from tensorflow.contrib import learn

datadir='data/cifar-10-batches-bin/'
plt.ion()
G = glob.glob (datadir + '*.bin')
A = np.fromfile(G[0],dtype=np.uint8).reshape([10000,3073])
labels = A [:,0]
images = A [:,1:].reshape([10000,3,32,32]).transpose (0,2,3,1)
plt.imshow(images[15])
print labels[11]
images_unroll = A [:,1:]
def max_pool_2x2(tensor_in):
    return tf.nn.max_pool(tensor_in, ksize= [1,2,2,1], strides= [1,2,2,1],
padding='SAME')

def conv_model (X, y):
    X= tf. reshape(X, [-1, 32, 32, 3])
    with tf.variable_scope('conv_layer1'):
       h_conv1=tf.contrib.layers.conv2d(X, num_outputs=16,
kernel_size=[5,5], activation_fn=tf.nn.relu)#print (h_conv1)
       h_pool1=max_pool_2x2(h_conv1)#print (h_pool1)
    with tf.variable_scope('conv_layer2'):
        h_conv2=tf.contrib.layers.conv2d(h_pool1, num_outputs=16,
kernel_size=[5,5], activation_fn=tf.nn.relu)
    #print (h_conv2)
```

① 本段代码在新的 TensorFlow 上无法运行，所以这里用 Keras 来运行程序。——译者注

```
    h_pool2=max_pool_2x2(h_conv2)
    h_pool2_flat = tf.reshape(h_pool2, [-1,8*8*16 ])
    h_fc1 = tf.contrib.layers.stack(h_pool2_flat,
tf.contrib.layers.fully_connected ,[96,48], activation_fn=tf.nn.relu )
    return skflow.models.logistic_regression(h_fc1,y)

images = np.array(images,dtype=np.float32)
classifier = skflow.Estimator(model_fn=conv_model, n_classes=10,
batch_size=100, steps=2000, learning_rate=0.01)

%time classifier.fit(images, labels, logdir='/tmp/cnn_train/')
%time score =metrics.accuracy_score(labels, classifier.predict(images))
```

6.4 小结

在本章中，我们学习了卷积神经网络。卷积神经网络是最新的神经网络模型的重要组成部分。通过这个工具，我们能够处理更复杂的数据集，也能让我们理解最先进的模型。

下一章中，我们会学习另一类最新的神经网络，它也是最新的神经网络的一部分：递归神经网络。

第 7 章
循环神经网络和 LSTM

回顾一下我们已知的传统神经网络模型，可以发现训练和预测阶段都以静态的方式运行。也就说，对于每一个输入，给出一个输出，而不考虑其序列间的关系。不同于我们之间的预测模型，循环神经网络不仅依赖于当前的输入，而且依赖于先前的输入。

本章包括如下内容：

- 理解循环神经网络运行原理，掌握构建循环神经网络的操作类型。
- 解释更高级递归神经网络模型（如 LSTM）的思想。
- 应用 TensorFlow 中的 LSTM 模型预测能耗周期。
- 学习巴赫谱曲。

7.1 循环神经网络

知识不能凭空出现。很多新的点子来自于旧知识的重新组合，这很值得机器学习模仿。但是，传统的神经网络模型不会将之前的知识传递到当前的状态。

我们可以通过循环神经网络（recurrent neural networks，RNN）来实现这个想法。循环神经网络是一种序列化的神经网络，它可以将已有的信息重复利用。RNN 中一个主要假设就是当前的信息依赖于先前的信息。在图 7-1 中，我们可以看到一个 RNN 基本元素，元胞（Cell）的示意图。

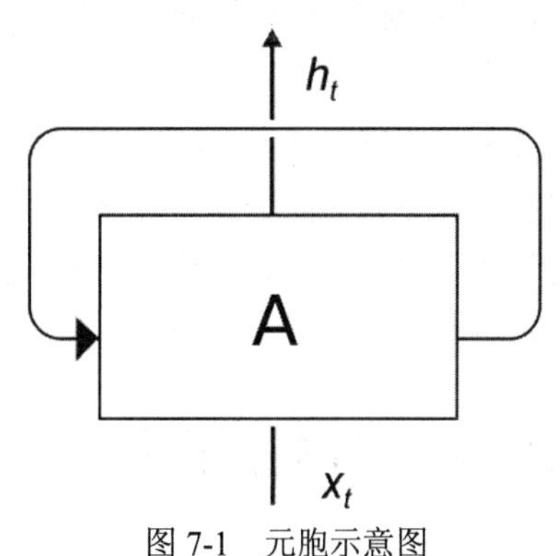

图 7-1　元胞示意图

一个元胞包含 3 个主要元素，输入（x_t）、状态和输出（h_t）。但是正如我们之前所说，元胞并非一个独立的状态，它保留状态信息，传递给下个元胞。在图 7-2 中，展示了一个展开的 RNN 元胞。本图解释了信息怎样从初始状态，经过一系列中间状态，转移到最终状态 h_n。

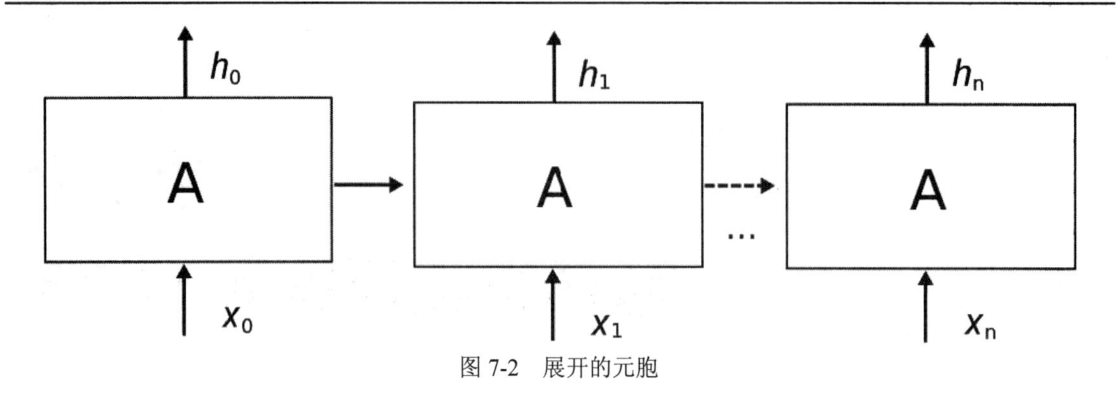

图 7-2 展开的元胞

在定义了元胞间的流动方式之后，我们要做的就是研究每一个 RNN 的元胞本身的运行方式。最基本的标准 RNN 中，只有一个简单的神经网络层。该层的输入除了原本的输入还有前一个样本的状态。将两者拼接后，通过 tanh 操作，输出新的状态 $h(t+1)$，如图 7-3 所示。

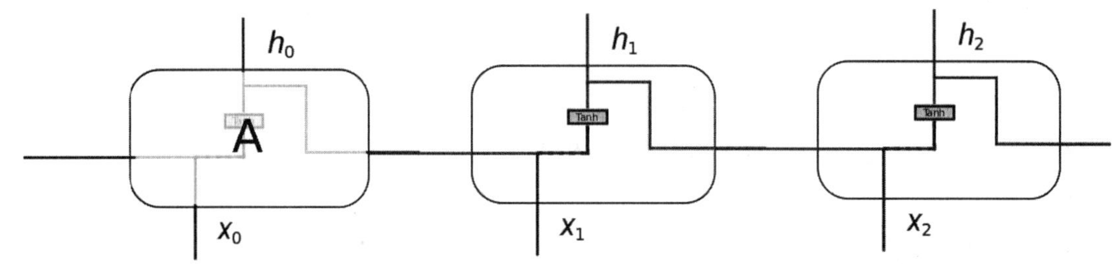

图 7-3 只有一个简单的神经网络层元胞的内部示意图

理论上，经过多次的数据迭代，这样的结构就能够提取出序列间的依赖信息。但是序列的长度使得上下文之间的关联变得困难。下面我们以“设计师懂得如何设计漂亮的建筑”为例：这句结构看上去很简单，但是要关联设计师和建筑这两个概念，则需要非常多的训练实例。这个问题就属于梯度的爆炸和消失。

7.1.1 梯度爆炸和梯度消失

事实上，循环神经网络在做反向传播的时候，会遇到跟深度神经网络类似的问题，不同的是深度网络引发的原因是层数多，而循环神经网络是因为步长太长。这种级联的梯度计算，在传递到最后的阶段，容易造成两种后果，要么梯度弱小到一个没有意义的非常小的值，要么弥散到超出参数的边界。这也是 LSTM 结构出现的原因。

7.1.2 LSTM 神经网络

长短期记忆网络（Long-Short Term Memory，LSTM）是 RNN 的一个特例，它特殊的结构使得它能够拥有更长的依赖能力。也就是说，它比一般的 RNN 能够记住更长时间周期上的信息模式（pattern）。

1．门操作——一种基本组件

为了更好地理解 LSTM 元胞的运作方式，我们首先介绍 LSTM 中的主要操作块：门操作（the gate operation）。

这种操作一般都是多变量输入，我们只让其中一部分输入通过，拦住其他部分。我们可以把它理解成一个信息的滤波器，作用就是获取并记住需要的信息元素。

为了实现这个功能，我们使用多变量控制向量（用箭头标注），与神经网络通过 Sigmoid 激活函数相连，如图 7-4 所示。通过使用控制向量和 Sigmoid 函数，我们将会得到一个类二值向量（binary like vector）。

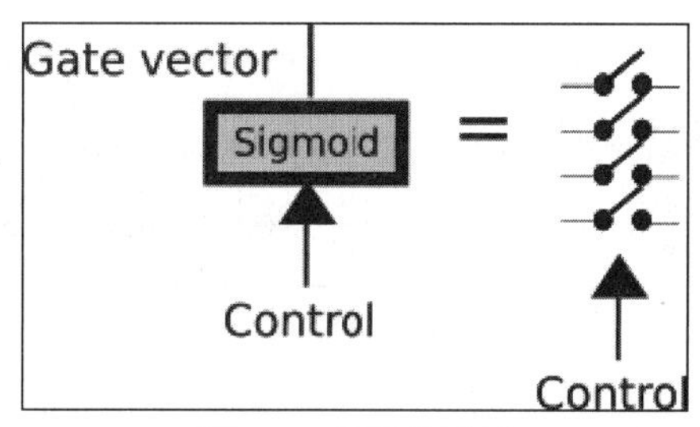

图 7-4　门操作示例

我们通过多个开关符号来表示这个功能。

定义完这个二值向量后，我们通过将输入乘上该向量，使得输入中的一部分能够通过。该操作使用一个三角符号表示，箭头指向信息通往的方向，如图 7-5 所示。

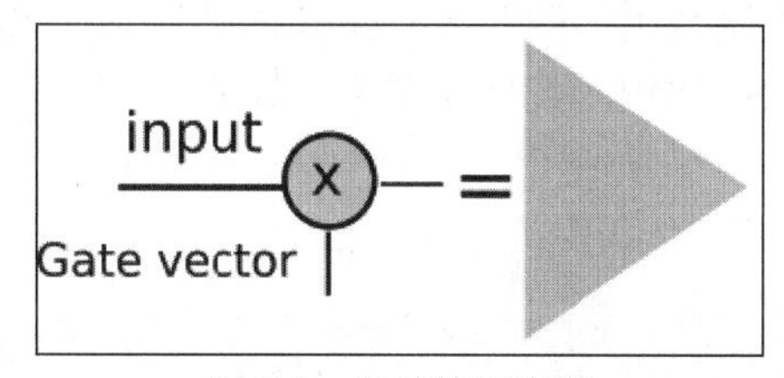

图 7-5　门结构示意图

图 7-6 就是一个常见的 LSTM 元胞结构。它包含了 3 个门操作，来保护和控制元胞状态。

该操作既能够丢弃低（希望是没用的）状态数据，又能够向状态中加入（希望是有用的）新的数据。

图 7-6 解释了 LSTM 元胞中所有操作的概念。

对于输入：

- 由于优化了权重，所以通过训练，元胞的状态将能够记住更长期的信息。
- 短期的信息 $h(t)$ 也会被直接结合进输入。由于它没有经过加权，所以它对最终结果的影响会更大。

输出可以看成集成了所有门操作的应用。

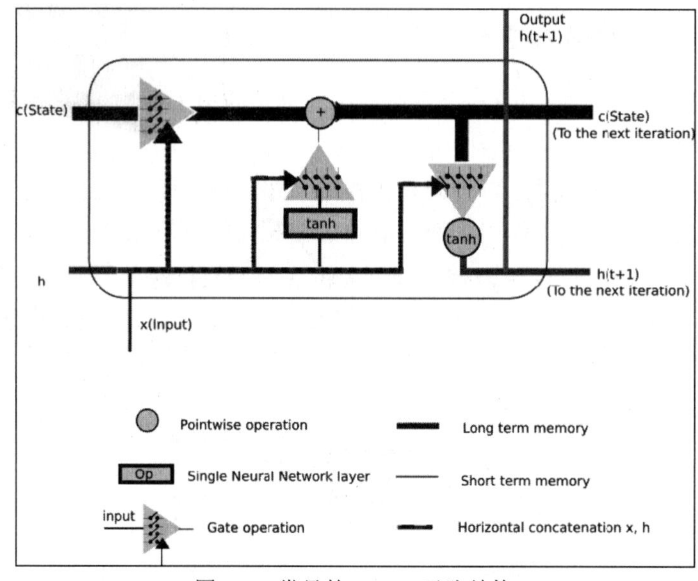

图 7-6 常见的 LSTM 元胞结构

2. 操作步骤

本节中，我们将会介绍 LSTM Cell 的每个子部分。

（1）第一部分——遗忘数据（输入门）

在此部分，处理的数据是上个样本的短期记忆和本次样本的输入。将这两个数据结合后，将其输入进一个开关函数，该函数用多变量 Sigmoid 函数实现。Sigmoid 函数的输出将作为守门人，放进或者阻止一部分先前知识。具体如图 7-7 所示。

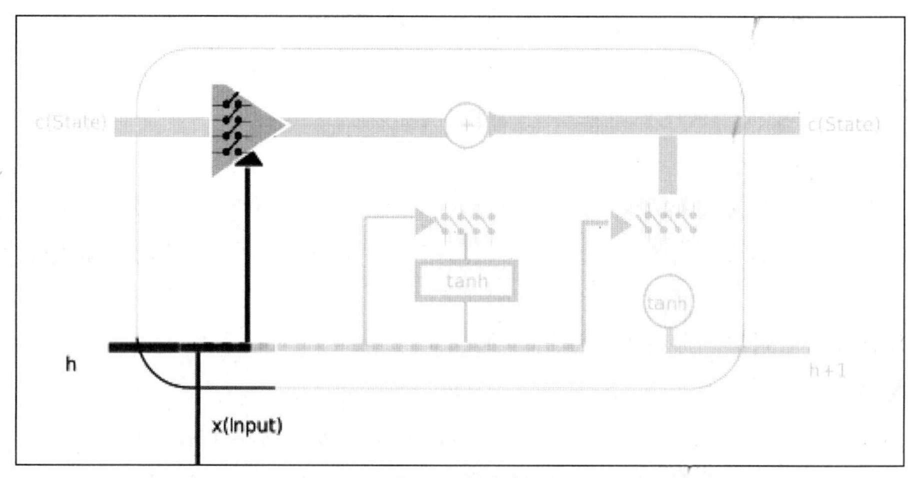

图 7-7 输入门

（2）第二部分——保持、更新状态数据（见图 7-8）

现在，我们使用滤波器来解决允许什么信息通过或者拒绝什么样的半永久状态。

在本阶段，我们将决定怎样将新信息和半新信息相结合，嵌入到新的状态。新的长期状态信息由两块相加而成。第一块是上一步得到的过滤后的长期状态信息，第二块是根据上个元胞的和本元胞的输入 x_t 获得的更新信息。

为了正规化和 x_t，我们将其拼接后通过一个 tanh 的激活函数，这可以将新的信息正规化到（−1,1）。

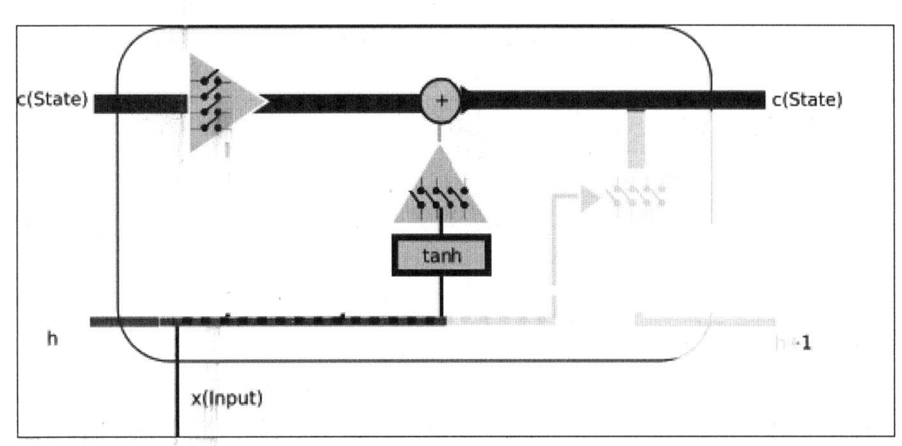

图 7-8 保持、更新数据状态

（3）第三部分——输出滤波后的元胞状态（见图 7-9）

下面解释短期记忆。跟长期记忆相同的是，输入同样结合了本次的和上次的短期状态信息，以使得能够获取新的信息。不同的是，这次点乘上的是长期记忆的状态，该状态通过 tanh 函数正规化到（−1,1）。

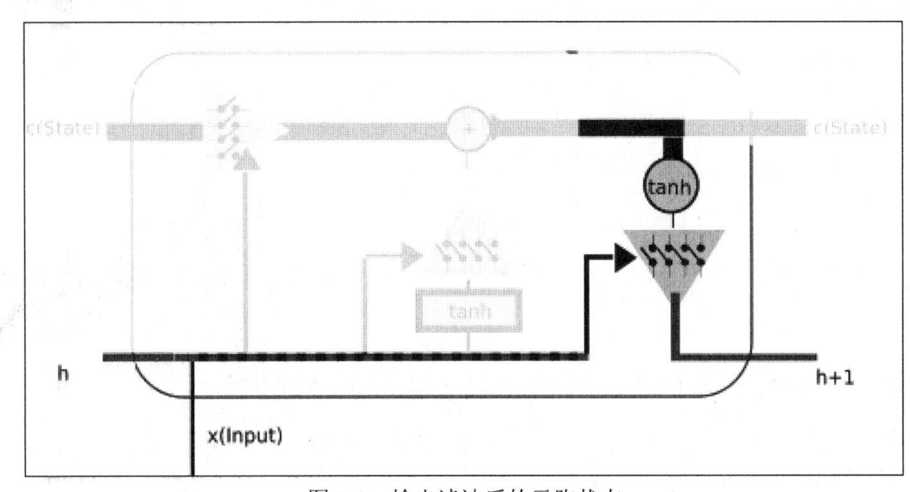

图 7-9 输出滤波后的元胞状态

7.1.3 其他 RNN 结构

本章中，我们主要介绍了 RNN 中用得最多的模型 LSTM。但是 RNN 家族还有其他变种，例如：

- 带窥视孔（peepholes）的 LSTM：这种元胞中，元胞的门与元胞的状态直接连接在一起。
- 门循环单元（Gate Recurrent Unit，GRU）：这种元胞中，忘记部分和输入门结合在一起，把状态并入隐藏状态，这样简化了网络的训练。

7.1.4 TensorFlow LSTM 有用的类和方法

本部分，我们会学习构建 LSTM 层的主要的类和方法，并且我们会将它们用在本书的实例中。

1．tf.nn.rnn_cell.BasicLSTMCell 类

这是一个最简单的 LSTM 循环神经网络的元胞，仅仅带一个遗忘门，而不带其他的新颖的特征，如窥视孔（peepholes）。窥视孔的作用在于让各种门可以观察到元胞状态。

下面是主要参数：

- num_units：整型变量，LSTM cell 的数目；
- forget_bias：浮点型变量，偏差（默认值为 1）。该参数作用于遗忘门，用于第一次迭代中减少信息的损失；
- activation：是内部状态的损失函数（默认值为标准 tanh）。

2．MultiRNNCell（RNNCell）类

在本例中，我们会用多个元胞来记住历史信息，所以我们会级联式堆积多个元胞。因此，我们需要 MultiRNNCell 类，如图 7-10 所示。

```
MultiRNNCell(cells, state_is_tuple=False)
```

这是 MultiRNNCell 的构造函数，主要的参数就是 cells。这些 cell 是需要堆积的 RNNCell 类的实例。

3．learn.ops.split_squeeze(dim, num_split, tensor_in)

这个函数对输入在某个维度上进行切割。输入一个张量，对该张量在 dim 维度上切割成 num_split 个其他维度数值一样的张量。

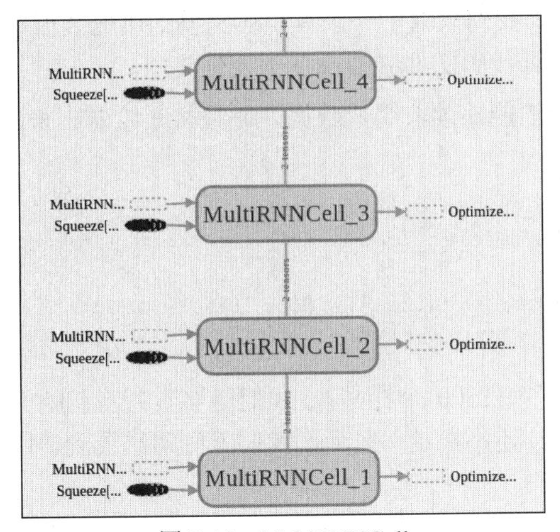

图 7-10　MultiRNNCell

- dim：该参数表示需要切割的维度。
- num_split：该参数表示分割数目。
- tensor_in：该参数是输入张量。

7.2　例 1——能量消耗、单变量时间序列数据预测

本例中，我们将会解决一个回归类问题。我们的数据集是家庭某个时间范围内的电力消耗。我们很容易推测，这种数据一定会存在某种模式（比如因为要准备早餐和打开电脑，早晨的用电量会上升，下午会有少许下降，晚上的时候，随着大家都把灯打开，数据又会上升，直到夜里，数据慢慢降为零，这样一直保持到第二天早上）。

7.2.1　数据集描述和加载

在本例中，我们会使用电力负荷数据集。

该数据集的官方描述如下：

“本数据集没有缺失数据。

数据的值是 15 分钟内的 kW 数。如果想获取 kW・h 的数据，需要将当前数据除以 4。每一行表示一个客户。一些客户是在 2011 年之后创建的，所以他们之前的消耗为零。

所有的时间都是葡萄牙时间。每天都有 96 个度量（24×4）。每年的 3 月份只有 23 小时，这时夜里一点到两点之间的值都为零，而每年的 8 月份会有 25 小时，这是夜里一点到两点的数据是两个小时的累加。”

为了简化我们的模型，我们只取了一个客户的完整的用电数据，并将其转换成标准的CSV格式。数据文件放置在本章代码文件夹的数据子文件夹中。

使用下面的代码，我们能够读取用户数据，并且将其绘制出来。

```
import pandas as pd
from matplotlib import pyplot as plt
df = pd.read_csv("data/elec_load.csv", error_bad_lines=False)
plt.subplot()
plot_test, = plt.plot(df.values[:1500], label='Load')
plt.legend(handles=[plot_test])
```

图7-11中（我们取了前1500个样品），我们能够看到在初始的时候有一个过渡状态，这可能是刚开始测量的时候，还不稳定。之后，我们就能明显看到，用电量的高低起伏呈现明显的周期性。

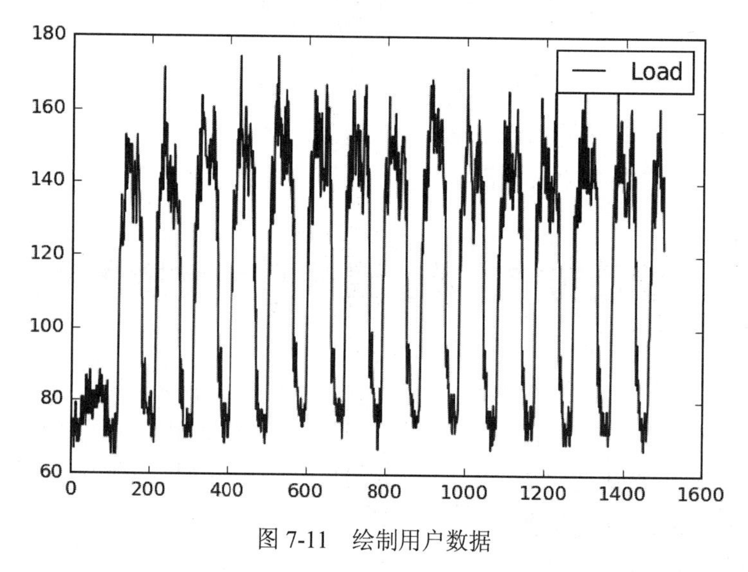

图7-11 绘制用户数据

我们能够大致地看出，每100个采样呈现一个循环，这跟我们每天96个采样点吻合。

7.2.2 数据预处理

为了使得反向传播更容易收敛，我们一般会先对输入数据进行正规化，如图7-12所示。

我们使用最经典的放缩和数据中心化方法，也就是对每个数据减去平均值，并按最大值进行放缩（将最大值限定到某个固定值，如1）。

可以使用pandas库中的describe( )查看数据的快速统计汇总。

```
                Load
Count    140256.000000
mean        145.332503
```

```
std          48.477976
min           0.000000
25%         106.850998
50%         151.428571
75%         177.557604
max         338.218126
```

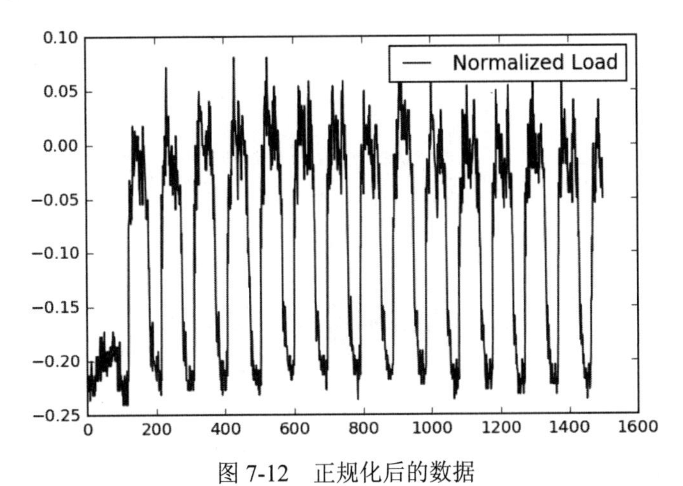

图 7-12　正规化后的数据

7.2.3　模型结构

下面我们会简单地描述一下电力消耗随时间变化的模型。

我们使用的模型连接了 10 个串联的 LSTM multicell，每个 multicell 的输出都是一个线性回归。（本例中，通过最近的 5 个值预测下一个值）。

```
def lstm_model(time_steps, rnn_layers, dense_layers=None):
    def lstm_cells(layers):
        return
[tf.nn.rnn_cell.BasicLSTMCell(layer['steps'],state_is_tuple=True)
                for layer in layers]

    def dnn_layers(input_layers, layers):
            return input_layers

    def _lstm_model(X, y):
        stacked_lstm = tf.nn.rnn_cell.MultiRNNCell(lstm_cells(rnn_layers),
state_is_tuple=True)
        x_ = learn.ops.split_squeeze(1, time_steps, X)
        output, layers = tf.nn.rnn(stacked_lstm, x_, dtype=dtypes.float32)
        output = dnn_layers(output[-1], dense_layers)
        return learn.models.linear_regression(output, y)

   return _lstm_model
```

图 7-13 是主要的操作模块，由 learn 模块创建，我们可以看到，里面有 RNN 操作、优化器、线性回归以及输出。

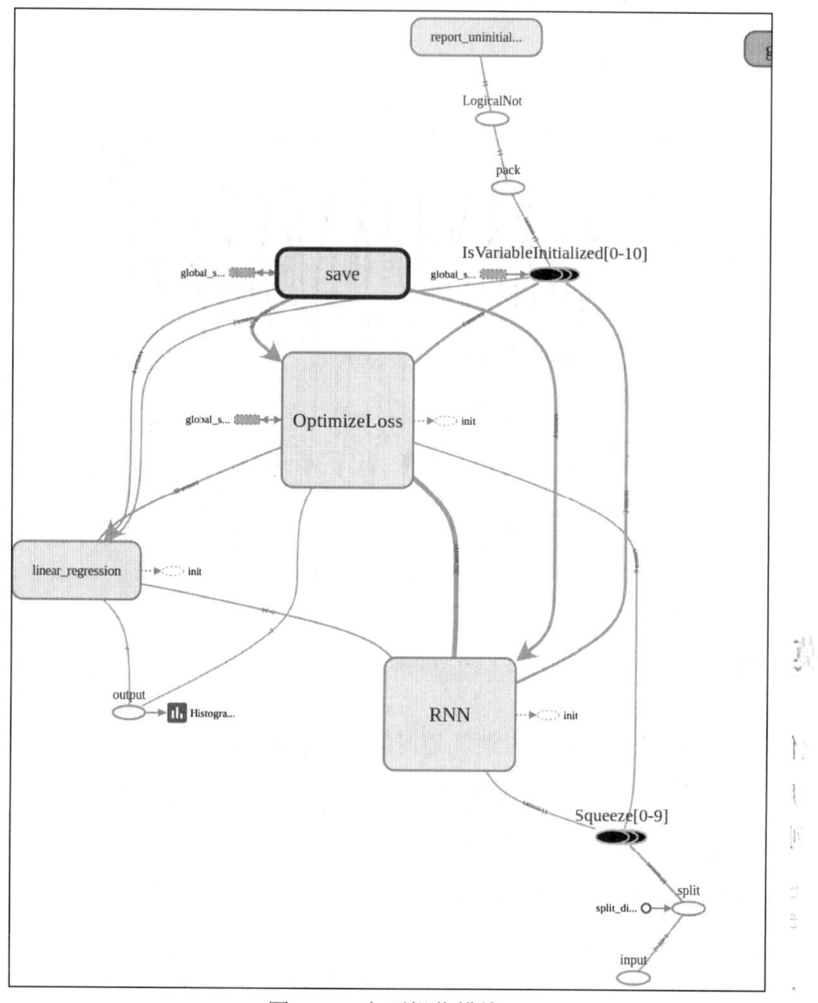

图 7-13　主要操作模块

在图 7-14 中，我们展开 RNN 模块，除了级联的 LSTM cell，还有输入序列。其他的操作由 learn 包添加。

然后我们完善模型的定义，本模型是一个回归模型。

```
regressor = learn.TensorFlowEstimator(model_fn=lstm_model(
                                      TIMESTEPS, RNN_LAYERS, DENSE_LAYERS),
n_classes=0,
                                       verbose=2, steps=TRAINING_STEPS,
optimizer='Adagrad',
                                       learning_rate=0.03,
batch_size=BATCH_SIZE)
```

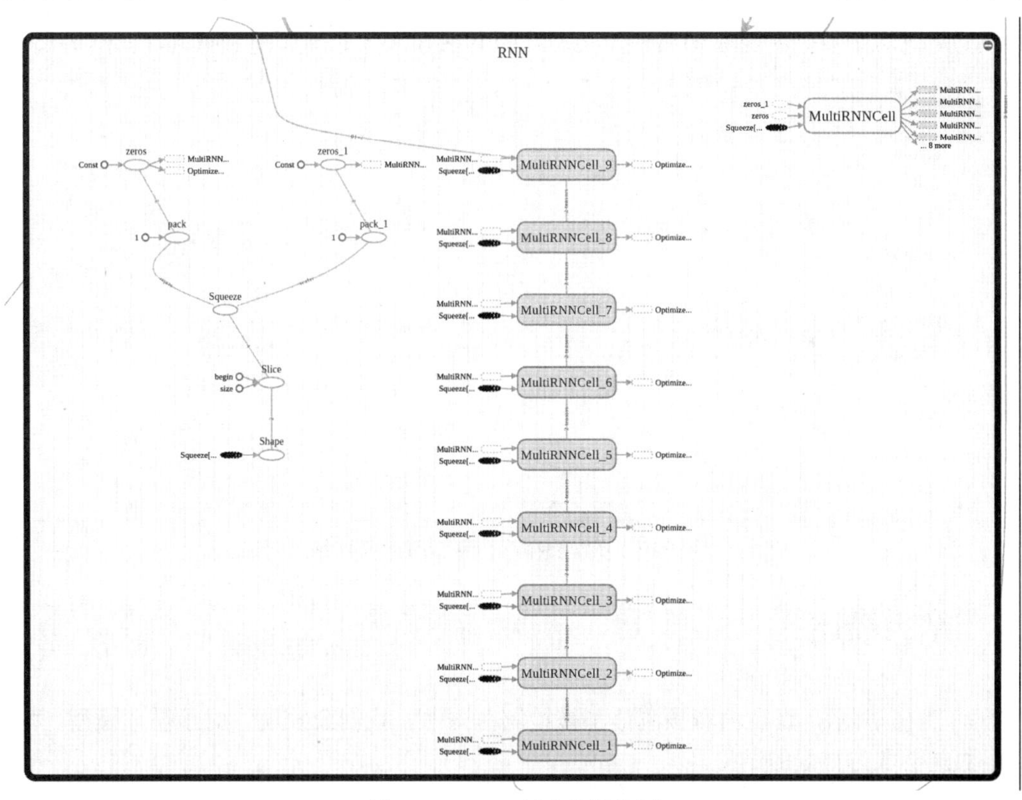

图 7-14 RNN 域内的结构图

7.2.4 损失函数描述

我们使用均方误差作为本例的损失函数。均方误差是用于回归问题的经典误差函数。

```
rmse = np.sqrt(((predicted - y['test']) ** 2).mean(axis=0))
```

7.2.5 收敛检测

我们为当前模型使用如下的拟合函数：

```
regressor.fit(X['train'], y['train'], monitors=[validation_monitor],
logdir=LOG_DIR)
```

我们将会得到如下很好的误差值。作为练习，我们可以尝试着不对数据做正规化，直接将数据丢入模型，我们会发现，结果变差了。

在命令对话框的输出是：

```
MSE: 0.001139
```

我们通过这个数据就能够知道误差是怎样随着迭代次数的增加而衰减的，如图 7-15 所示。

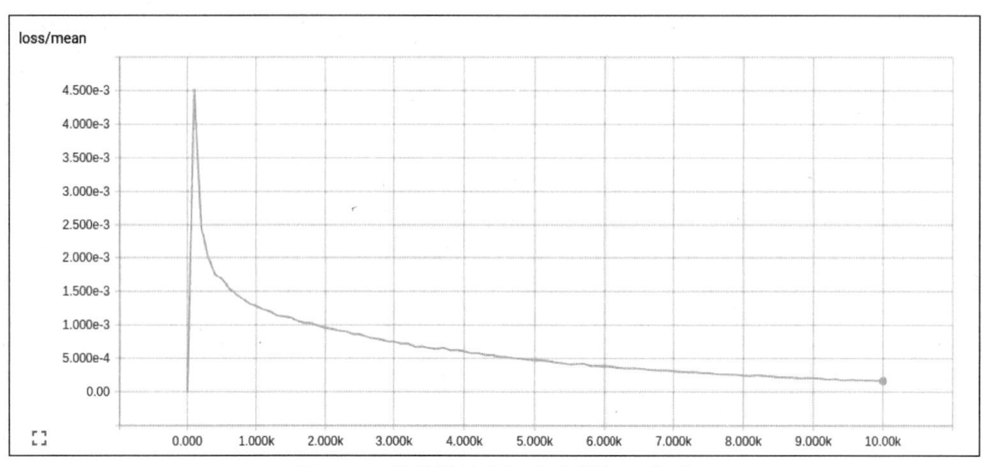

图 7-15 误差随迭代次数的增加而衰减

7.2.6 结果描述

如图 7-16 所示，真实值和预测值都被绘制在图中。我们会发现，对于循环模型，均误差损失函数能够取得很好的结果。

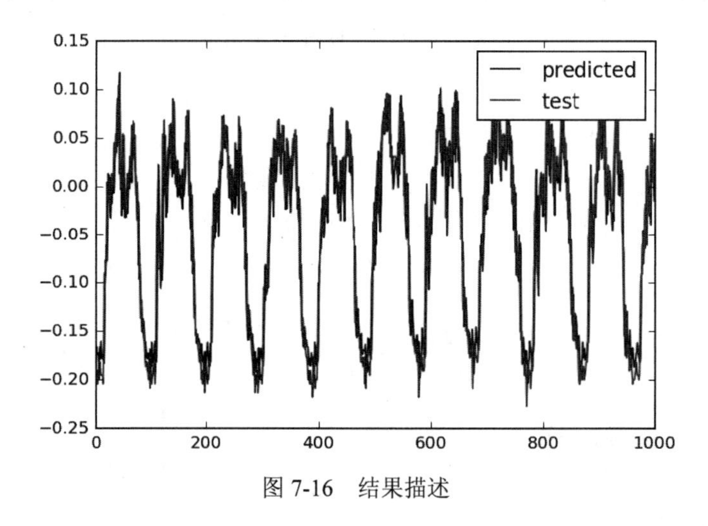

图 7-16 结果描述

7.2.7 完整源代码

下面是完整的源代码：

```
import numpy as np
import pandas as pd
```

```
import tensorflow as tf
from matplotlib import pyplot as plt

from tensorflow.python.framework import dtypes
from tensorflow.contrib import learn

import logging
logging.basicConfig(level=logging.INFO)

from tensorflow.contrib import learn
from sklearn.metrics import mean_squared_error
predicted = regressor.predict(X['test'])
rmse = np.sqrt(((predicted - y['test']) ** 2).mean(axis=0))
score = mean_squared_error(predicted, y['test'])
print ("MSE: %f" % score)
#plot_predicted, = plt.plot(array[:1000], label='predicted')
plt.subplot()
plot_predicted, = plt.plot(predicted, label='predicted')
plot_test, = plt.plot(y['test'], label='test')
plt.legend(handles=[plot_predicted, plot_test])


LOG_DIR = './ops_logs'
TIMESTEPS = 5
RNN_LAYERS = [{'steps': TIMESTEPS}]
DENSE_LAYERS = None
TRAINING_STEPS = 10000
BATCH_SIZE = 100
PRINT_STEPS = TRAINING_STEPS / 100

def lstm_model(time_steps, rnn_layers, dense_layers=None):
    def lstm_cells(layers):
        return
[tf.nn.rnn_cell.BasicLSTMCell(layer['steps'],state_is_tuple=True)
                for layer in layers]

   def dnn_layers(input_layers, layers):
        return input_layers

   def _lstm_model(X, y):
        stacked_lstm = tf.nn.rnn_cell.MultiRNNCell(lstm_cells(rnn_layers), state
_is_tuple=True)
            x_ = learn.ops.split_squeeze(1, time_steps, X)
            output, layers = tf.nn.rnn(stacked_lstm, x_, dtype=dtypes.float32)
            output = dnn_layers(output[-1], dense_layers)
            return learn.models.linear_regression(output, y)

   return _lstm_model
```

```
regressor = learn.TensorFlowEstimator(model_fn=lstm_model(TIMESTEPS,
RNN_LAYERS, DENSE_LAYERS), n_classes=0,
                                      verbose=2, steps=TRAINING_STEPS,
optimizer='Adagrad',
                                      learning_rate=0.03,
batch_size=BATCH_SIZE)

df = pd.read_csv("data/elec_load.csv", error_bad_lines=False)
plt.subplot()
plot_test, = plt.plot(df.values[:1500], label='Load')
plt.legend(handles=[plot_test])

print df.describe()
array=(df.values- 147.0) /339.0
plt.subplot()
plot_test, = plt.plot(array[:1500], label='Normalized Load')
plt.legend(handles=[plot_test])
listX = []
listy = []
X={}
y={}

for i in range(0,len(array)-6):
    listX.append(array[i:i+5].reshape([5,1]))
    listy.append(array[i+6])

arrayX=np.array(listX)
arrayy=np.array(listy)

X['train']=arrayX[0:12000]
X['test']=arrayX[12000:13000]
X['val']=arrayX[13000:14000]



y['train']=arrayy[0:12000]
y['test']=arrayy[12000:13000]
y['val']=arrayy[13000:14000]


# print y['test'][0]
# print y2['test'][0]


#X1, y2 = generate_data(np.sin, np.linspace(0, 100, 10000), TIMESTEPS,
seperate=False)
# create a lstm instance and validation monitor
validation_monitor = learn.monitors.ValidationMonitor(X['val'], y['val'],
every_n_steps=PRINT_STEPS,
early_stopping_rounds=1000)
```

```
regressor.fit(X['train'], y['train'], monitors=[validation_monitor],
logdir=LOG_DIR)


predicted = regressor.predict(X['test'])
rmse = np.sqrt(((predicted - y['test']) ** 2).mean(axis=0))
score = mean_squared_error(predicted, y['test'])
print ("MSE: %f" % score)


#plot_predicted, = plt.plot(array[:1000], label='predicted')


plt.subplot()
plot_predicted, = plt.plot(predicted, label='predicted')

plot_test, = plt.plot(y['test'], label='test')
plt.legend(handles=[plot_predicted, plot_test])
```

7.3　例 2——创作巴赫风格的曲目

在本例中，我们将循环神经网络用于字符序列，也称作字符 RNN 模型。

本例中，我们的训练集是巴赫的哥德堡变奏曲，数据以字符的格式给出，通过将其输入网络，RNN 学习变奏曲的结构，最后基于学习到的结构谱出新的曲目。

本例中的许多想法和概念来自于论文《循环神经网络的可视化和理解》(*Visualizing and Understanding Recurrent Networks*，https://arxiv.org/abs/1506.02078)，以及文章《高效得不可思议的循环神经网络》(*The Unreasonable Effectiveness of recurrent neural networks*, http://karpathy.github.io/2015/05/21/rnn-effectiveness/)

7.3.1　字符级模型

正如我们之前所说，字符 RNN 模型可以处理字符序列。这种模型的输入可以是各种语言，包括：

- 程序代码。
- 不同人的语言（用于建模某个作者的写作风格）。
- 科学论文（tex）等。

7.3.2　字符串序列和概率表示

RNN 的输入需要一个清晰并且直接的表示。基于此，我们选择了一位有效（one hot）的表示方式。一位有效的编码对于输出的可能性是有限的情况（也就是分类的情况），使用起来非常方便，可以直接用来与 Softmax 函数的值比较。字符输出正是这样一种情况，因为字符总共 10 个，是有限的。

这样，模型的输入就是一个字符串序列，而模型的输出是一个阵列（array）序列。阵列的长度跟字典的大小相同，每个元素的数字的含义是，给定序列前一个的字符，当前位置取该字符的可能性。

在图 7-17 中，我们可以看到一个简单的配置模型。输入就是一位有效的编码方式，然后通过神经网络预测输出。

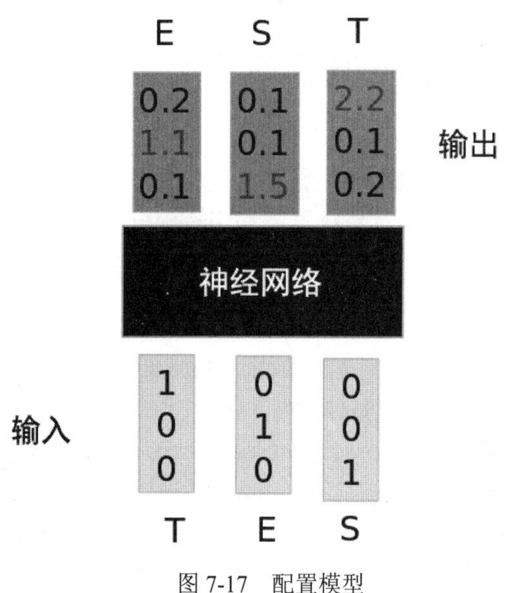

图 7-17　配置模型

7.3.3　使用字符对音乐编码——ABC 音乐格式

当我们寻求一种输入格式的时候，我们希望能够尽可能简单而又结构同质（structurally homogeneous）。

遍观各种音乐的表示，ABC 音乐格式是非常不错的选择。因为它不仅结构简单，而且只用了很少的字符。而且所有的字符还都是 ASCII 字符集的子集。

1．ABC 格式的构成

一个 ABC 格式文件由两部分组成：文件头和文件体。

- 文件头：文件头包含多个键值对，如 X:[序号]，T:[歌曲名]，M:[拍号]，K:[调号]，C:[创作人]。
- 文件体：文件体紧接在文件头之后，包含每个小节的内容，每个小节之间用“|”字符分开。

ABC 记谱法还有其他的元素，但是在下面的例子中，你只要知道这种格式是怎样工作的，哪怕没有经过音乐训练也可以。

```
X:1
T:Notes
M:C
L:1/4
K:C
C, D, E, F,|G, A, B, C|D E F G|A B c d|e f g a|b c' d' e'|f' g' a' b'|]
```

上面的文本所承载音乐的五线谱如图 7-18 所示。

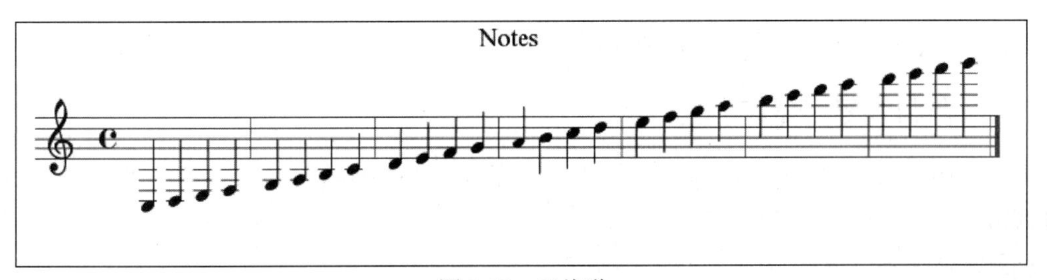

图 7-18　五线谱

2．哥德堡变奏曲

巴赫的哥德堡变奏曲是一首咏叹曲，由 30 个变奏组成，以巴赫的学生（Johann Gottlieb Goldberg）命名。该学生可能是该曲目的主要演奏者。

```
X:1
T:Variation no. 1
C:J.S.Bach
M:3/4
L:1/16
Q:500
V:2 bass
K:G
[V:1]GFG2- GDEF GAB^c |d^cd2- dABc defd |gfg2- gfed ^ceAG|
[V:2]G,,2B,A, B,2G,2G,,2G,2 |F,,2F,E, F,2D,2F,,2D,2 |E,,2E,D,
E,2G,2A,,2^C2|
% (More parts with V:1 and V:2)
```

图 7-19 展示的是变奏曲 Nr 1 的第一部分，通过学习这一部分可帮助我们理解将要模拟的文件结构。

图 7-19 变奏曲 Nr 1 的第一部分

7.3.4 有用的库和方法

该部分，我们会介绍本例中新增的函数。

1. 保存和恢复变量和模型

实际应用机器学习的时候，有一个非常重要的需求就是保存和恢复整个模型。TensorFlow 通过 tf.train.Saver 对象来实现这一功能。

该对象的主要方法如下：

- tf.train.Saver（args）：这是构造函数，下面是其主要参数。
  - ◇ var_list：这是所有需要保存的变量的列表。例如，{ firstvar: var1, secondvar: var2}。如果为 none，保存所有的对象。
  - ◇ max_to_keep：该变量表示维护的检查点（checkpoint）的最大数目。
  - ◇ write_version：该变量表示格式的版本，实际上，现在只有 1 是合法的。
- tf.train,Saver.save：用于保存构造函数中添加的变量。它需要启动图的 session。被保存的变量必须已初始化。其主要参数如下。
  - ◇ session：用于保存变量的对话。
  - ◇ save_path：检查点文件的路径。
  - ◇ global_step：全局训练步骤的标识。
- tf.train.Saver.restore：这个方法能够恢复保存过的变量，包括两个主要参数。
  - ◇ session：用于数据恢复的会话。
  - ◇ save_path：save 方法返回的路径，可以调用 latest_checkpoint()，也可以自己提供。

2. 加载和保存数据的伪代码

此处，我们仅仅演示一下如何保存和获取两个变量数据。

（1）变量保存

以下代码用于创建和保存变量：

```
# Create some variables.
simplevar = tf.Variable(..., name="simple")
anothervar = tf.Variable(..., name="another")
…
# Add ops to save and restore all the variables.
saver = tf.train.Saver()
# Later, launch the model, initialize the variables, do some work, save the
# variables to disk.
with tf.Session() as sess:
  sess.run(tf.initialize_all_variables())
  # Do some work with the model.
  ..
  # Save the variables to disk.
  save_path = saver.save(sess, "/tmp/model.ckpt")
```

（2）变量恢复

下面的代码用于恢复变量：

```
saver = tf.train.Saver()
# Later, launch the model, use the saver to restore variables from disk, and
# do some work with the model.
with tf.Session() as sess:
#Work with the restored model....
```

7.3.5 数据集描述和加载

对于这个数据集，我们使用 30 个作品，产生 1000 个实例，并且随机打乱。

```
import random
input = open('input.txt', 'r').read().split('X:')
for i in range (1,1000):
     print "X:" + input[random.randint(1,30)] +
"\n_____________________________________\n"
```

7.3.6 网络训练

该网络的训练数据是 30 部 ABC 格式的音乐作品。

ABC 格式的原始文档可以从该网站获取：http://www.barfly.dial.pipex.com/Goldbergs.abc。
我们使用以下的小程序生成训练样本。

对于这个数据集，我们拥有 30 个作品，我们将其按照随机分布，生成 1000 个实例的列表：

```
import random
input = open('original.txt', 'r').read().split('X:')
for i in range (1,1000):
     print "X:" + input[random.randint(1,30)] +
"\n_______________________________________\n"
```

然后我们运行如下命令，生成数据集：

```
python generate_dataset.py > input.txt
```

7.3.7 数据集预处理

原始数据并不能直接拿来使用。为了使用该数据，我们首先需要定义字典。

1. 字典定义

数据处理的第一步是找到原文档中所有的字符，这能让我们确定维度，并对每个字符按照一位有效（one-hot）的格式进行编码。

图 7-20 是所有 ABC 音乐格式文档的字符，包括了音乐符号和标点符号。

```
(,| |2|||G|/|B|A|:|z|F|D|E|\u000a|[|]|_|e|d|C|c|3|^|V|4|a|g|-|f|=|b|
(|1|s|K|6|%|t|r|l|.|8|'|n|i|)|o|M|h|P|0|T|m|L|J|Q|S|X|~|O|5|u|>|7|9|
p|N|w|H|<|I|v|"|{|}|#|?|\u005c|q|y|x|tp1|.|
```

图 7-20 所有 ABC 音乐格式文档的字符

2. 模型架构

我们使用一个多层 LSTM 来实现该模型，设置其初始状态为零。

```
cell_fn = rnn_cell.BasicLSTMCell
cell = cell_fn(args.rnn_size, state_is_tuple=True)
self.cell = cell = rnn_cell.MultiRNNCell([cell] * args.num_layers,
    state_is_tuple=True)
self.input_data = tf.placeholder(tf.int32, [args.batch_size,
    args.seq_length])
self.targets = tf.placeholder(tf.int32, [args.batch_size,
    args.seq_length])
self.initial_state = cell.zero_state(args.batch_size, tf.float32)
with tf.variable_scope('rnnlm'):
    softmax_w = tf.get_variable("softmax_w", [args.rnn_size,
```

```
        args.vocab_size])
        softmax_b = tf.get_variable("softmax_b", [args.vocab_size])
        with tf.device("/cpu:0"):
            embedding = tf.get_variable("embedding", [args.vocab_size,
            args.rnn_size])
            inputs = tf.split(1, args.seq_length,
            tf.nn.embedding_lookup(embedding, self.input_data))
            inputs = [tf.squeeze(input_, [1]) for input_ in inputs]
    def loop(prev, _):
        prev = tf.matmul(prev, softmax_w) + softmax_b
        prev_symbol = tf.stop_gradient(tf.argmax(prev, 1))
        return tf.nn.embedding_lookup(embedding, prev_symbol)
    outputs, last_state = seq2seq.rnn_decoder(inputs,
     self.initial_state, cell, loop_function=loop if infer else None,
     scope='rnnlm')
    output = tf.reshape(tf.concat(1, outputs), [-1, args.rnn_size])
```

7.3.8 损失函数描述

损失函数由函数 loss_by_exampled 定义。该损失函数用来度量概率分布的预测结果与样本的契合程度，专业名称是困惑度（perplexity）。这种度量在语言模型中大量使用：

```
self.logits = tf.matmul(output, softmax_w) + softmax_b
self.probs = tf.nn.softmax(self.logits)
loss = seq2seq.sequence_loss_by_example([self.logits],
        [tf.reshape(self.targets, [-1])],
        [tf.ones([args.batch_size * args.seq_length])],
        args.vocab_size)
self.cost = tf.reduce_sum(loss) / args.batch_size / args.seq_length
```

7.3.9 停止条件

当 epochs 的数值和 batch 的数值同时达到时，程序迭代完成。代码块为：

```
if (e==args.num_epochs-1 and b == data_loader.num_batches-1)
```

7.3.10 结果描述

首先执行训练脚本，代码为：

```
python train.py
```

然后执行采样程序，代码为：

```
python sample.py
```

只要给定一个 X:1 作为序列的首字符，我们就可以按照深度（推荐为 3）和长度（推荐为 512）进行作曲了。

下面的曲谱是由网站 http://www.drawthedots.com/实现的，如图 7-21 所示。我们只需要将结果输入到该网站，该网站即为我们自动生成五线曲谱。

图 7-21 自动生成的乐曲曲谱

7.3.11 完整源代码

下面是完整的源代码（train.py）：

```
from __future__ import print_function
import numpy as np
import tensorflow as tf


import argparse
import time
import os
from six.moves import cPickle
from utils import TextLoader
from model import Model
class arguments:
```

```
        def __init__(self):
            return
    def main():
        args = arguments()
        train(args)
    def train(args):
        args.data_dir='data/'; args.save_dir='save'; args.rnn_size =64;
        args.num_layers=1; args.batch_size=50;args.seq_length=50
        args.num_epochs=5;args.save_every=1000; args.grad_clip=5.
        args.learning_rate=0.002; args.decay_rate=0.97
        data_loader = TextLoader(args.data_dir, args.batch_size,
    args.seq_length)
        args.vocab_size = data_loader.vocab_size
        with open(os.path.join(args.save_dir, 'config.pkl'), 'wb') as f:
             cPickle.dump(args, f)
        with open(os.path.join(args.save_dir, 'chars_vocab.pkl'), 'wb') as f:
             cPickle.dump((data_loader.chars, data_loader.vocab), f)
        model = Model(args)
        with tf.Session() as sess:
            tf.initialize_all_variables().run()
            saver = tf.train.Saver(tf.all_variables())
            for e in range(args.num_epochs):
                sess.run(tf.assign(model.lr, args.learning_rate *(args.decay_rate *
* e)))
                data_loader.reset_batch_pointer()
                state = sess.run(model.initial_state)
                for b in range(data_loader.num_batches):
                    start = time.time()
                    x, y = data_loader.next_batch()
                    feed = {model.input_data: x, model.targets: y}
                    for i, (c, h) in enumerate(model.initial_state):
                        feed[c] = state[i].c
                        feed[h] = state[i].h
                    train_loss, state, _ = sess.run([model.cost,model.final_state,
model.train_op], feed)
                    end = time.time()
                    print("{}/{} (epoch {}), train_loss = {:.3f}, time/batch ={:.3f
}" \
                        .format(e * data_loader.num_batches + b,
                                args.num_epochs * data_loader.num_batches,
                                e, train_loss, end - start))
                    if (e==args.num_epochs-1 and b ==
    data_loader.num_batches-1): # save for the last result
                        checkpoint_path = os.path.join(args.save_dir,'model.ckpt')
                        saver.save(sess, checkpoint_path, global_step = e *data_load
er.num_batches + b)
                        print("model saved to {}".format(checkpoint_path))

    if __name__ == '__main__':
```

```
    main()
```

下面是完整的源代码（model.py）：

```
import tensorflow as tf
from tensorflow.python.ops import rnn_cell
from tensorflow.python.ops import seq2seq
import numpy as np

class Model():
    def __init__(self, args, infer=False):
        self.args = args
        if infer: #When we sample, the batch and sequence lenght are = 1
            args.batch_size = 1
            args.seq_length = 1
        cell_fn = rnn_cell.BasicLSTMCell #Define the internal cell structure
        cell = cell_fn(args.rnn_size, state_is_tuple=True)
        self.cell = cell = rnn_cell.MultiRNNCell([cell] * args.num_layers, sta
te_is_tuple=True)
        #Build the inputs and outputs placeholders, and start with a zero inte
rnal values
        self.input_data = tf.placeholder(tf.int32, [args.batch_size, args.seq_
length])
        self.targets = tf.placeholder(tf.int32, [args.batch_size, args.seq_len
gth])
        self.initial_state = cell.zero_state(args.batch_size, tf.float32)
        with tf.variable_scope('rnnlm'):
            softmax_w = tf.get_variable("softmax_w", [args.rnn_size, args.voc
ab_size]) #Final w
            softmax_b = tf.get_variable("softmax_b", [args.vocab_size]) #Fina
l bias
            with tf.device("/cpu:0"):
                embedding = tf.get_variable("embedding", [args.vocab_size, args
.rnn_size])
                inputs = tf.split(1, args.seq_length, tf.nn.embedding_lookup(e
mbedding, self.input_data))
                inputs = [tf.squeeze(input_, [1]) for input_ in inputs]
        def loop(prev, _):
            prev = tf.matmul(prev, softmax_w) + softmax_b
            prev_symbol = tf.stop_gradient(tf.argmax(prev, 1))
            return tf.nn.embedding_lookup(embedding, prev_symbol)
        outputs, last_state = seq2seq.rnn_decoder(inputs, self.initial_state,
cell, loop_function=loop if infer else None, scope='rnnlm')
        output = tf.reshape(tf.concat(1, outputs), [-1, args.rnn_size])
        self.logits = tf.matmul(output, softmax_w) + softmax_b
        self.probs = tf.nn.softmax(self.logits)
        loss = seq2seq.sequence_loss_by_example([self.logits],
            [tf.reshape(self.targets, [-1])],
            [tf.ones([args.batch_size * args.seq_length])],
            args.vocab_size)
```

```
        self.cost = tf.reduce_sum(loss) / args.batch_size / args.seq_length
        self.final_state = last_state
        self.lr = tf.Variable(0.0, trainable=False)
        tvars = tf.trainable_variables()
        grads, _ = tf.clip_by_global_norm(tf.gradients(self.cost, tvars),
        args.grad_clip)
        optimizer = tf.train.AdamOptimizer(self.lr)
        self.train_op = optimizer.apply_gradients(zip(grads, tvars))
    def sample(self, sess, chars, vocab, num=200, prime='START', sampling_type=1):
        state = sess.run(self.cell.zero_state(1, tf.float32))
        for char in prime[:-1]:
            x = np.zeros((1, 1))
            x[0, 0] = vocab[char]
            feed = {self.input_data: x, self.initial_state:state}
            [state] = sess.run([self.final_state], feed)
        def weighted_pick(weights):
            t = np.cumsum(weights)
            s = np.sum(weights)
            return(int(np.searchsorted(t, np.random.rand(1)*s)))
        ret = prime
        char = prime[-1]
        for n in range(num):
            x = np.zeros((1, 1))
            x[0, 0] = vocab[char]
            feed = {self.input_data: x, self.initial_state:state}
            [probs, state] = sess.run([self.probs, self.final_state], feed)
            p = probs[0]
            sample = weighted_pick(p)
            pred = chars[sample]
            ret += pred
            char = pred
        return ret
```

下面是完整的源代码（utils.py）：

```
import codecs
import os
import collections
from six.moves import cPickle
import numpy as np

class TextLoader():
    def __init__(self, data_dir, batch_size, seq_length, encoding='utf-8'):
        self.data_dir = data_dir
        self.batch_size = batch_size
        self.seq_length = seq_length
        self.encoding = encoding

        input_file = os.path.join(data_dir, "input.txt")
        vocab_file = os.path.join(data_dir, "vocab.pkl")
```

```
            tensor_file = os.path.join(data_dir, "data.npy")

            if not (os.path.exists(vocab_file) and
    os.path.exists(tensor_file)):
                print("reading text file")
                self.preprocess(input_file, vocab_file, tensor_file)
            else:
                print("loading preprocessed files")
                self.load_preprocessed(vocab_file, tensor_file)
            self.create_batches()
            self.reset_batch_pointer()

        def preprocess(self, input_file, vocab_file, tensor_file):
            with codecs.open(input_file, "r", encoding=self.encoding) as f:
               data = f.read()
            counter = collections.Counter(data)
            count_pairs = sorted(counter.items(), key=lambda x: -x[1])
            self.chars, _ = zip(*count_pairs)
            self.vocab_size = len(self.chars)
            self.vocab = dict(zip(self.chars, range(len(self.chars))))
            with open(vocab_file, 'wb') as f:
               cPickle.dump(self.chars, f)
            self.tensor = np.array(list(map(self.vocab.get, data)))
            np.save(tensor_file, self.tensor)

        def load_preprocessed(self, vocab_file, tensor_file):
            with open(vocab_file, 'rb') as f:
                self.chars = cPickle.load(f)
            self.vocab_size = len(self.chars)
            self.vocab = dict(zip(self.chars, range(len(self.chars))))
            self.tensor = np.load(tensor_file)
            self.num_batches = int(self.tensor.size / (self.batch_size *
                                                       self.seq_length))

        def create_batches(self):
            self.num_batches = int(self.tensor.size / (self.batch_size *
                                                       self.seq_length))

            self.tensor = self.tensor[:self.num_batches * self.batch_size * self.seq
_length]
            xdata = self.tensor
            ydata = np.copy(self.tensor)
            ydata[:-1] = xdata[1:]
            ydata[-1] = xdata[0]
            self.x_batches = np.split(xdata.reshape(self.batch_size, -1), self.num_
batches, 1)
            self.y_batches = np.split(ydata.reshape(self.batch_size, -1), self.num_
batches, 1)
```

```
    def next_batch(self):
        x, y = self.x_batches[self.pointer], self.y_batches[self.pointer]
        self.pointer += 1
        return x, y

    def reset_batch_pointer(self):
        self.pointer = 0
```

7.4 小结

本章中，我们学习了最新的神经网络架构——循环神经网络。随着本章的结束，我们也完成了对主流机器学习方法的探索。

在后面的章节中，我们将会研究怎样将不同的神经网络层组合，以达到更好的效果。此外，我们还会覆盖一些有趣的实验模型。

第 8 章
深度神经网络

本章中，我们会学习当前深度学习领域中优秀的模型：深度神经网络（Deep neural networks，DNN）。

8.1 深度神经网络的定义

这个领域正面临着快速的变化，每天我们都能听到 DNN 被用于解决新的问题，比如计算机视觉、自动驾驶、语音识别和文本理解等。

在前面的章节中，我们已经使用过 DNN 技术的相关技术，尤其是卷积神经网络。

出于实践的角度，我们这儿所说的深度学习和深度神经网络是指深度超过几个相似层的神经网络结构，一般能够到达几十层，或者是由一些复杂的模块组合而成。

8.2 深度网络结构的历史变迁

本部分，我们会回顾深度学习的每一个里程碑，从 LeNet 5 开始。

8.2.1 LeNet 5

神经网络领域在 20 世纪八九十年代还很寂静。尽管有很多努力，但是那时的网络结构还比较简单，而且往往需要巨大的（通常是达不到的）计算资源。

大概在 1998 年，在贝尔实验室，Yan LeCun 在研究手写数字分类的时候，提出了卷积神经网络。卷积神经网络是当前的深度神经网络的基石之一，我们已经在第 6 章，卷积神经网络中有所介绍。

在那个年代，SVM 和其他的机器学习工具才是处理这类问题的主流，但是 CNN 的那篇奠基之作，表明神经网络也能够达到甚至是超过当时最好的处理结果。

8.2.2 Alexnet

经过多年的中断（尽管在此期间，LeCun 继续将他的神经网络模型延伸到其他任务，如人脸和对象检测），神经网络终于迎来了复苏。结构化数据和计算机处理能力的爆炸性增长使得深度学习成为可能。过去要训练数月的网络，现在能够在比较短的时间内训练完成。

来自多家公司和大学的多个团队开始用深度神经网络处理各种问题，包括图像识别。其中，一个著名的比赛叫作 ImageNet 图像分类，Alexnet 就是为了这个测试所开发，如图 8-1 所示。

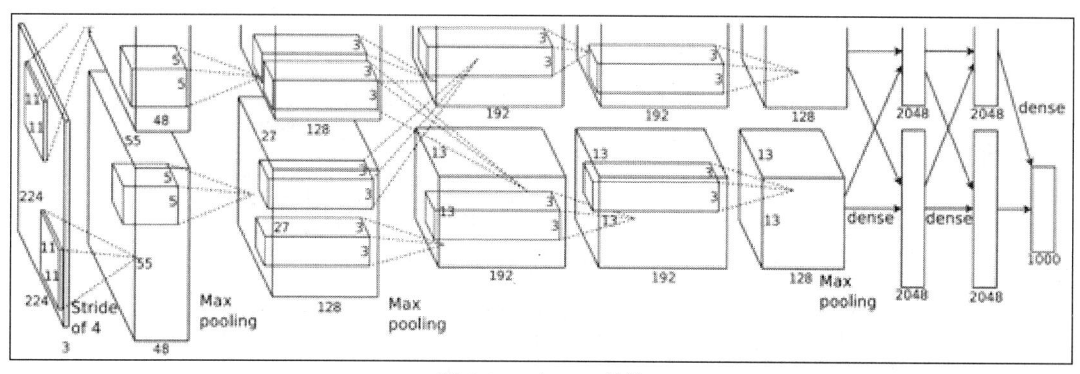

图 8-1 Alexnet 结构

Alexnet 可以被看作 LeNet 5 的扩展，也就是说第一层用的是卷积神经网络，然后连接上一个不常用的最大池化层，然后是几个全链接层，在最后一层输出概率。

8.2.3 VGG 模型

图像分类挑战的另一个主要的竞争者是牛津大学的 VGG 团队。

VGG（Visual Geometry Group，可视化几何团队）网络结构的主要特点，就是减小了卷积滤波的大小，只用一个 3×3 的滤波器，并将它们不断组合，如图 8-2 所示。

这种小型化的滤波器是对 LeNet 以及其继任者 Alexnet 的一个突破，这两个的网络滤波器都是设为 11×11。小型化滤波器的操作引领了一个新的潮流，并且一直延续到现在。

但是尽管滤波器变小了，但是总体参数依然非常大（通常有几百万个参数），所以还需要改进。

ConvNet Configuration					
A	A-LRN	B	C	D	E
11 weight layers	11 weight layers	13 weight layers	16 weight layers	16 weight layers	19 weight layers
input (224 × 224 RGB image)					
conv3-64	conv3-64 **LRN**	conv3-64 **conv3-64**	conv3-64 conv3-64	conv3-64 conv3-64	conv3-64 conv3-64
maxpool					
conv3-128	conv3-128	conv3-128 **conv3-128**	conv3-128 conv3-128	conv3-128 conv3-128	conv3-128 conv3-128
maxpool					
conv3-256 conv3-256	conv3-256 conv3-256	conv3-256 conv3-256	conv3-256 conv3-256 **conv1-256**	conv3-256 conv3-256 **conv3-256**	conv3-256 conv3-256 conv3-256 **conv3-256**
maxpool					
conv3-512 conv3-512	conv3-512 conv3-512	conv3-512 conv3-512	conv3-512 conv3-512 **conv1-512**	conv3-512 conv3-512 **conv3-512**	conv3-512 conv3-512 conv3-512 **conv3-512**
maxpool					
conv3-512 conv3-512	conv3-512 conv3-512	conv3-512 conv3-512	conv3-512 conv3-512 **conv1-512**	conv3-512 conv3-512 **conv3-512**	conv3-512 conv3-512 conv3-512 **conv3-512**
maxpool					
FC-4096					
FC-4096					
FC-1000					
soft-max					

Table 2: **Number of parameters** (in millions).

Network	A,A-LRN	B	C	D	E
Number of parameters	133	133	134	138	144

图 8-2 VGG 的参数数目

8.2.4 第一代 Inception 模型

在 Alexnet 和 VGG 统治了深度学习一两年之后，谷歌公司发布了他们的深度学习模型——Inception。到现在为止，Inception 已经发布了好几个版本。

第一个版本的 Inception 是 GoogLeNet，如图 8-3 所示。从图上看，它的结构模型很深，但是本质上它是通过堆叠 9 个基本上没有怎么改变的 Inception 模块。

尽管如此复杂，但是相比于 Alexnet，Inception 减少了参数的数量，增加了准确率。

Inception 的可解释性和可扩展性相对于 Alexnet 也有所增加。因为事实上，该模型结构就是堆叠相似的结构。

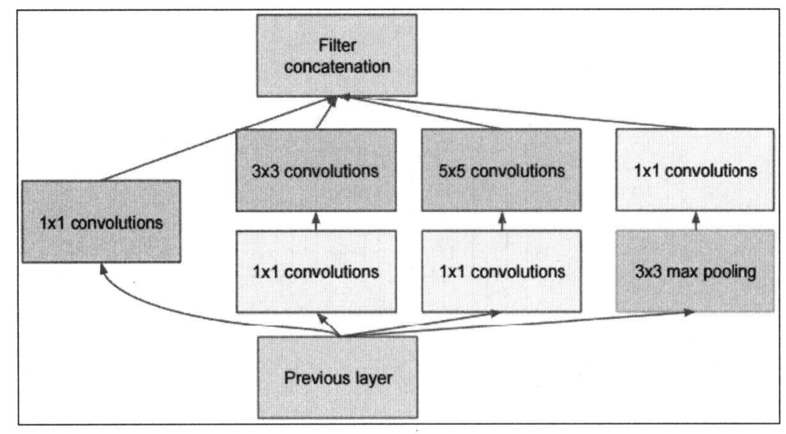

图 8-3　第一代 Inception 模型

8.2.5　第二代 Inception 模型

2015 年的时候，深度学习还有一个问题，就是随着一次又一次的迭代，深度神经网络稳定性不够好。

为了理解这个稳定性的问题，首先，我们回忆一下前面例子中使用过的标准化，包含中心化，以及将标准差归一化。主要是为了反向传播（back propagation）的梯度。

在真正大型数据集的训练过程中发生的是，在经过多次训练的例子之后，不同的振荡频率开始放大平均参数值，如共振现象，我们称之为协方差漂移。

这就是使用批量标准化的主要原因。

为了简化过程描述，批量标准化不仅仅应用于输入层，它应用于每一层，在它们开始影响或者漂移数值之前。

这就是 Inception V2 的主要特点，谷歌公司在 2015 年 1 月份发布，提升了 GoogLeNet。

8.2.6　第三代 Inception 模型

时间来到 2015 年 12 月，Inception 的结构又经历了一轮新的迭代。发布之间的月份差异使我们了解到新迭代的发展速度。

新的架构有如下调整：

- 降低了卷积滤波器的大小，最大是 3×3；
- 增加了网络的深度；
- 使用宽度增加技术加了每层提高特征组合。

图 8-4 说明了如何解释改进的 Inception 模块。

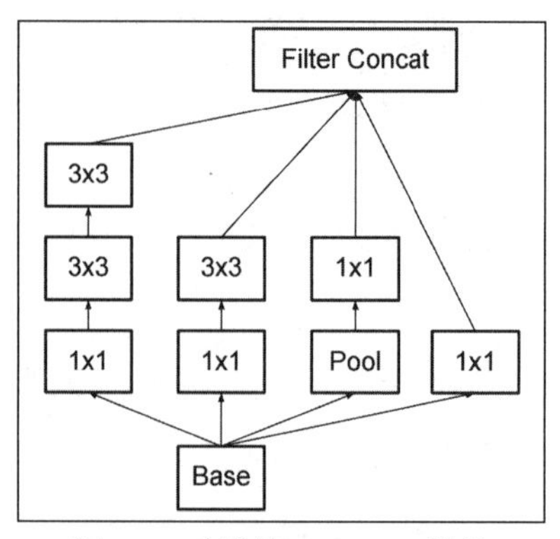

图 8-4　改进的 Inception 模块

图 8-5 是整个 V3 模型的结构图，由许多新的 Inception 模块的实例拼接而成。

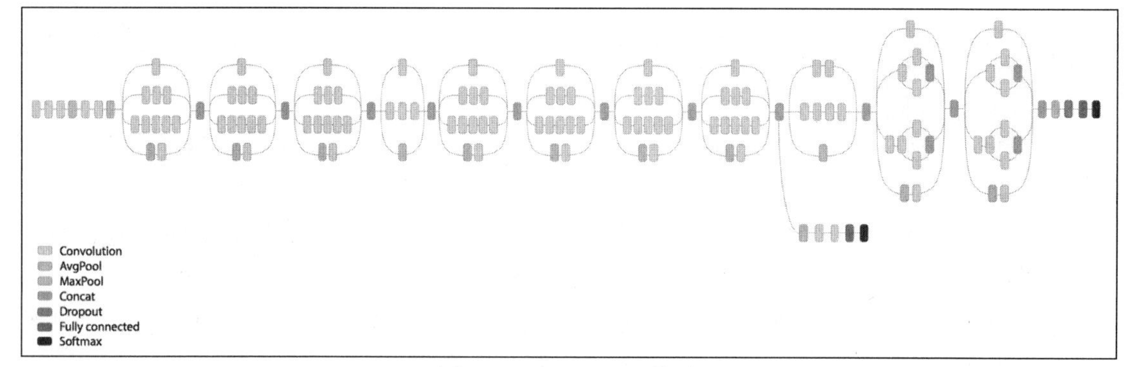

图 8-5　Inception V3 模型

8.2.7　残差网络（ResNet）

残差神经网络结构出现在 2015 年 12 月(基本上跟 Inception V3 的发布时间差不多)。ResNet 带来了一个简单但是很新颖的想法，不仅仅使用卷积层的输出，还要结合上原始输入层的输出。

在图 8-6 中，我们可以看到一个简单的 ResNet 的模块：3 个卷积层的堆积和一个 relu 操作。

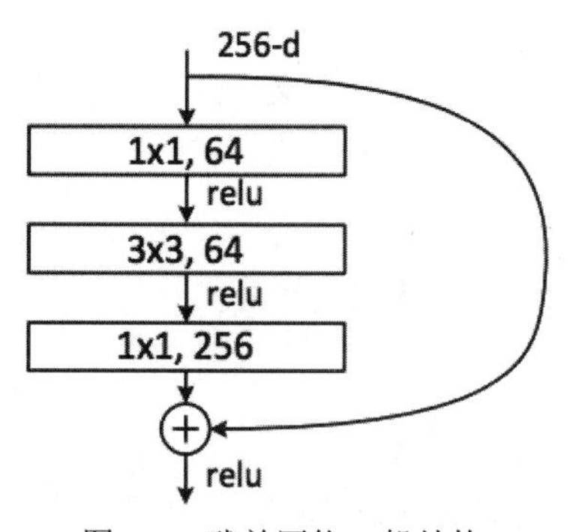

图 8-6　残差网络一般结构

卷积的部分包括了一个从 256 降到 64 的操作，使用一个 3×3 的滤波层来控制特征数目，增补一个 1×1 的层。在最近的发展中，ResNet 也被用在少于 30 层的网络结构中。

8.2.8 其他的深度神经网络结构

有许多最先发展的深度神经网络的结构；实际上，这个领域每天的变化都是如此之快，几乎每天多少都有几个优秀的结构冒出来。下面是几个最有前途的网络结构：

- SqueezeNet：该网络为了简化 Alexnet 的参数数量，宣称可以达到 50×参数数量的降低。
- 高效神经网络(Efficient Neural NetworkEnet)：用于减少浮点操作，实现实时的神经网络。
- Fractalnet：用于实现非常深的深度网络。该网络不使用残差结构，而是实现一种分形（fractal）结构。

8.3 例子——VGG 艺术风格转移

本例中，我们会实现 Leon Gatys 的论文《艺术风格的神经网络算法》。

源代码由 Anish Athalye 提供（http://www.anishathalye.com/）。

注意的是，本例并没有训练的部分。我们会加载一个由 VLFeat 提供的已经训练好的系数矩阵。该矩阵已经经过了大量的训练，我们可以直接使用，避免了大量的训练计算。

8.3.1 有用的库和方法

- 使用 scipy.io.loadmat 加载参数文件。

  第一个有用的库是 scipy 的 io 模块，我们使用该模块来加载 MATLAB 软件的 mat 文件格式。
- 使用方法。

```
scipy.io.loadmat(file_name, mdict=None, appendmat=True, **kwargs)
```

- 返回处理参数。

  mat_dict：返回的是一个字典，变量名对应字典的“键”，变量值对应字典的“值”。

8.3.2 数据集描述和加载

本例的方法，我们使用一个已经训练好的数据集，也就是使用 Imagenet 数据集训练好的 VGG 神经网络的参数。

8.3.3　数据集预处理

因为本例使用的是训练好的参数矩阵，所以除了初始化数据集，没有太多的数据集预处理工作。

8.3.4　模型结构

本模型结构主要分为两个部分：风格和内容。

对于最终胜出的图像，我们需要不带最终全链接层的 VGG 网络。

8.3.5　损失函数

本结构的参数损失函数分为两个部分，对于最终图像，一部分是内容，另一部分是风格。

1．内容损失函数

内容损失函数在 content_loss 函数里面：

```
# content loss
        content_loss = content_weight * (2 * tf.nn.l2_loss(
                 net[CONTENT_LAYER] - content_features[CONTENT_LAYER]) /
                 content_features[CONTENT_LAYER].size)
```

2．损失函数优化循环

优化循环的代码如下：

```
         best_loss = float('inf')
         best = None
         with tf.Session() as sess:
              sess.run(tf.initialize_all_variables())
              for i in range(iterations):
                   last_step = (i == iterations - 1)
                   print_progress(i, last=last_step)
                   train_step.run()

                   if (checkpoint_iterations and i % checkpoint_iterations ==
0) or last_step:
                       this_loss = loss.eval()
                       if this_loss < best_loss:
                          best_loss = this_loss
                          best = image.eval()
                       yield (
                           (None if last_step else i),
```

```
            vgg.unprocess(best.reshape(shape[1:]), mean_pixel)
        )
```

8.3.6 收敛性测试

本例中的收敛性测试就是检查迭代次数是否达到（写在迭代参数里面）。

8.3.7 程序执行

为了执行该程序，我们需要选择一个好的迭代次数，100 是一个不错的经验值。推荐 8GB 以上的可用内存。

```
    python neural_style.py --content examples/2-content.jpg --styles
examples/2-style1.jpg --checkpoint-iterations=100 --iterations=1000 --
checkpoint-output=out%s.jpg --output=outfinal
```

上述命令的结果如图 8-7 所示。

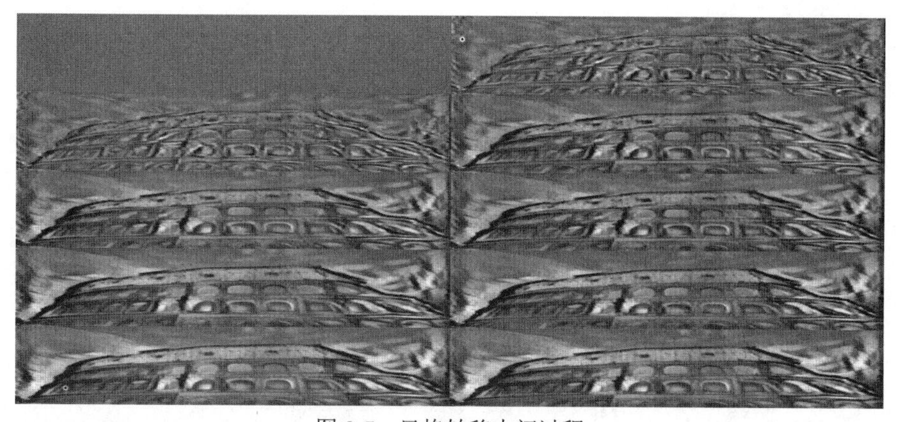

图 8-7 风格转移中间过程

该命令行的输出如下：

```
Iteration 1/1000
Iteration 2/1000
Iteration 3/1000
Iteration 4/1000
...
Iteration 999/1000
Iteration 1000/1000
  content loss: 908786
    style loss: 261789
       tv loss: 25639.9
    total loss: 1.19621e+06
```

8.3.8 完整源代码

完整源代码如下（neural_style.py）：

```
import os

import numpy as np
import scipy.misc

from stylize import stylize

import math
from argparse import ArgumentParser

# default arguments
CONTENT_WEIGHT = 5e0
STYLE_WEIGHT = 1e2
TV_WEIGHT = 1e2
LEARNING_RATE = 1e1
STYLE_SCALE = 1.0
ITERATIONS = 100
VGG_PATH = 'imagenet-vgg-verydeep-19.mat'


def build_parser():
    parser = ArgumentParser()
    parser.add_argument('--content',
            dest='content', help='content image',
            metavar='CONTENT', required=True)
    parser.add_argument('--styles',
            dest='styles',
            nargs='+', help='one or more style images',
            metavar='STYLE', required=True)
    parser.add_argument('--output',
            dest='output', help='output path',
            metavar='OUTPUT', required=True)
    parser.add_argument('--checkpoint-output',
            dest='checkpoint_output', help='checkpoint output format',
            metavar='OUTPUT')
    parser.add_argument('--iterations', type=int,
            dest='iterations', help='iterations (default %(default)s)',
            metavar='ITERATIONS', default=ITERATIONS)
    parser.add_argument('--width', type=int,
            dest='width', help='output width',
            metavar='WIDTH')
    parser.add_argument('--style-scales', type=float,
            dest='style_scales',
```

```
            nargs='+', help='one or more style scales',
            metavar='STYLE_SCALE')
    parser.add_argument('--network',
            dest='network', help='path to network parameters (default
%(default)s)',
            metavar='VGG_PATH', default=VGG_PATH)
    parser.add_argument('--content-weight', type=float,
            dest='content_weight', help='content weight (default
%(default)s)',
            metavar='CONTENT_WEIGHT', default=CONTENT_WEIGHT)
    parser.add_argument('--style-weight', type=float,
            dest='style_weight', help='style weight (default %(default)s)',
            metavar='STYLE_WEIGHT', default=STYLE_WEIGHT)
    parser.add_argument('--style-blend-weights', type=float,
            dest='style_blend_weights', help='style blending weights',
            nargs='+', metavar='STYLE_BLEND_WEIGHT')
    parser.add_argument('--tv-weight', type=float,
            dest='tv_weight', help='total variation regularization weight
(default %(default)s)',
            metavar='TV_WEIGHT', default=TV_WEIGHT)
    parser.add_argument('--learning-rate', type=float,
            dest='learning_rate', help='learning rate (default
%(default)s)',
            metavar='LEARNING_RATE', default=LEARNING_RATE)
    parser.add_argument('--initial',
            dest='initial', help='initial image',
            metavar='INITIAL')
    parser.add_argument('--print-iterations', type=int,
            dest='print_iterations', help='statistics printing frequency',
            metavar='PRINT_ITERATIONS')
    parser.add_argument('--checkpoint-iterations', type=int,
            dest='checkpoint_iterations', help='checkpoint frequency',
            metavar='CHECKPOINT_ITERATIONS')
    return parser


def main():
    parser = build_parser()
    options = parser.parse_args()

    if not os.path.isfile(options.network):
        parser.error("Network %s does not exist. (Did you forget to
download it?)" % options.network)

    content_image = imread(options.content)
    style_images = [imread(style) for style in options.styles]

    width = options.width
    if width is not None:
```

```
        new_shape = (int(math.floor(float(content_image.shape[0]) /
                content_image.shape[1] * width)), width)
        content_image = scipy.misc.imresize(content_image, new_shape)
    target_shape = content_image.shape
    for i in range(len(style_images)):
        style_scale = STYLE_SCALE
        if options.style_scales is not None:
            style_scale = options.style_scales[i]
        style_images[i] = scipy.misc.imresize(style_images[i], style_scale
*

                target_shape[1] / style_images[i].shape[1])

    style_blend_weights = options.style_blend_weights
    if style_blend_weights is None:
        # default is equal weights
        style_blend_weights = [1.0/len(style_images) for _ in style_images]
    else:
        total_blend_weight = sum(style_blend_weights)
        style_blend_weights = [weight/total_blend_weight
                              for weight in style_blend_weights]

    initial = options.initial
    if initial is not None:
        initial = scipy.misc.imresize(imread(initial),
content_image.shape[:2])

    if options.checkpoint_output and "%s" not in options.checkpoint_output:
        parser.error("To save intermediate images, the checkpoint output "
                     "parameter must contain `%s` (e.g. `foo%s.jpg`)")

    for iteration, image in stylize(
        network=options.network,
        initial=initial,
        content=content_image,
        styles=style_images,
        iterations=options.iterations,
        content_weight=options.content_weight,
        style_weight=options.style_weight,
        style_blend_weights=style_blend_weights,
        tv_weight=options.tv_weight,
        learning_rate=options.learning_rate,
        print_iterations=options.print_iterations,
        checkpoint_iterations=options.checkpoint_iterations
    ):
        output_file = None
        if iteration is not None:
            if options.checkpoint_output:
                output_file = options.checkpoint_output % iteration
```

```
        else:
            output_file = options.output
        if output_file:
            imsave(output_file, image)


def imread(path):
    return scipy.misc.imread(path).astype(np.float)


def imsave(path, img):
    img = np.clip(img, 0, 255).astype(np.uint8)
    scipy.misc.imsave(path, img)


if __name__ == '__main__':
    main()
```

完整源代码如下（Stilize.py）：

```
import vgg

import tensorflow as tf
import numpy as np

from sys import stderr

CONTENT_LAYER = 'relu4_2'
STYLE_LAYERS = ('relu1_1', 'relu2_1', 'relu3_1', 'relu4_1', 'relu5_1')


try:
    reduce
except NameError:
    from functools import reduce


def stylize(network, initial, content, styles, iterations,
        content_weight, style_weight, style_blend_weights, tv_weight,
        learning_rate, print_iterations=None, checkpoint_iterations=None):
    """
    Stylize images.

    This function yields tuples (iteration, image); `iteration` is None
    if this is the final image (the last iteration). Other tuples are
yielded
    every `checkpoint_iterations` iterations.
    :rtype: iterator[tuple[int|None,image]]
    """
```

```
    shape = (1,) + content.shape
    style_shapes = [(1,) + style.shape for style in styles]
    content_features = {}
    style_features = [{} for _ in styles]

    # compute content features in feedforward mode
    g = tf.Graph()
    with g.as_default(), g.device('/cpu:0'), tf.Session() as sess:
        image = tf.placeholder('float', shape=shape)
        net, mean_pixel = vgg.net(network, image)
        content_pre = np.array([vgg.preprocess(content, mean_pixel)])
        content_features[CONTENT_LAYER] = net[CONTENT_LAYER].eval(
                feed_dict={image: content_pre})

    # compute style features in feedforward mode
    for i in range(len(styles)):
        g = tf.Graph()
        with g.as_default(), g.device('/cpu:0'), tf.Session() as sess:
            image = tf.placeholder('float', shape=style_shapes[i])
            net, _ = vgg.net(network, image)
            style_pre = np.array([vgg.preprocess(styles[i], mean_pixel)])
            for layer in STYLE_LAYERS:
                features = net[layer].eval(feed_dict={image: style_pre})
                features = np.reshape(features, (-1, features.shape[3]))
                gram = np.matmul(features.T, features) / features.size
                style_features[i][layer] = gram

    # make stylized image using backpropogation
    with tf.Graph().as_default():
        if initial is None:
            noise = np.random.normal(size=shape, scale=np.std(content) * 0.1)
            initial = tf.random_normal(shape) * 0.256
        else:
            initial = np.array([vgg.preprocess(initial, mean_pixel)])
            initial = initial.astype('float32')
        image = tf.Variable(initial)
        net, _ = vgg.net(network, image)

        # content loss
        content_loss = content_weight * (2 * tf.nn.l2_loss(
                net[CONTENT_LAYER] - content_features[CONTENT_LAYER]) /
                content_features[CONTENT_LAYER].size)
        # style loss
        style_loss = 0
        for i in range(len(styles)):
            style_losses = []
            for style_layer in STYLE_LAYERS:
                layer = net[style_layer]
                _, height, width, number = map(lambda i: i.value,
```

```
layer.get_shape())
                size = height * width * number
                feats = tf.reshape(layer, (-1, number))
                gram = tf.matmul(tf.transpose(feats), feats) / size
                style_gram = style_features[i][style_layer]
                style_losses.append(2 * tf.nn.l2_loss(gram - style_gram) /
style_gram.size)
            style_loss += style_weight * style_blend_weights[i] *
reduce(tf.add, style_losses)
        # total variation denoising
        tv_y_size = _tensor_size(image[:,1:,:,:])
        tv_x_size = _tensor_size(image[:,:,1:,:])
        tv_loss = tv_weight * 2 * (
                (tf.nn.l2_loss(image[:,1:,:,:] - image[:,:shape[1]-1,:,:])
/
                    tv_y_size) +
                (tf.nn.l2_loss(image[:,:,1:,:] - image[:,:,:shape[2]-1,:])
/
                    tv_x_size))
        # overall loss
        loss = content_loss + style_loss + tv_loss

        # optimizer setup
        train_step = tf.train.AdamOptimizer(learning_rate).minimize(loss)

        def print_progress(i, last=False):
            stderr.write('Iteration %d/%d\n' % (i + 1, iterations))
            if last or (print_iterations and i % print_iterations == 0):
               stderr.write(' content loss: %g\n' % content_loss.eval())
               stderr.write(' style loss: %g\n' % style_loss.eval())
               stderr.write(' tv loss: %g\n' % tv_loss.eval())
               stderr.write(' total loss: %g\n' % loss.eval())

        # optimization
        best_loss = float('inf')
        best = None
        with tf.Session() as sess:
           sess.run(tf.initialize_all_variables())
           for i in range(iterations):
              last_step = (i == iterations - 1)
              print_progress(i, last=last_step)
              train_step.run()

              if (checkpoint_iterations and i % checkpoint_iterations ==
0) or last_step:
                  this_loss = loss.eval()
                  if this_loss < best_loss:
                     best_loss = this_loss
                     best = image.eval()
```

```
                    yield (
                        (None if last_step else i),
                        vgg.unprocess(best.reshape(shape[1:]), mean_pixel)
                    )


def _tensor_size(tensor):
    from operator import mul
    return reduce(mul, (d.value for d in tensor.get_shape()), 1)
 vgg.py
import tensorflow as tf
import numpy as np
import scipy.io


def net(data_path, input_image):
    layers = (
        'conv1_1', 'relu1_1', 'conv1_2', 'relu1_2', 'pool1',

        'conv2_1', 'relu2_1', 'conv2_2', 'relu2_2', 'pool2',

        'conv3_1', 'relu3_1', 'conv3_2', 'relu3_2', 'conv3_3',
        'relu3_3', 'conv3_4', 'relu3_4', 'pool3',

        'conv4_1', 'relu4_1', 'conv4_2', 'relu4_2', 'conv4_3',
        'relu4_3', 'conv4_4', 'relu4_4', 'pool4',

        'conv5_1', 'relu5_1', 'conv5_2', 'relu5_2', 'conv5_3',
        'relu5_3', 'conv5_4', 'relu5_4'
    )

    data = scipy.io.loadmat(data_path)
    mean = data['normalization'][0][0][0]
    mean_pixel = np.mean(mean, axis=(0, 1))
    weights = data['layers'][0]

    net = {}
    current = input_image
    for i, name in enumerate(layers):
        kind = name[:4]
        if kind == 'conv':
             kernels, bias = weights[i][0][0][0][0]
             # matconvnet: weights are [width, height, in_channels,
out_channels]
            # tensorflow: weights are [height, width, in_channels,
out_channels]
            kernels = np.transpose(kernels, (1, 0, 2, 3))
            bias = bias.reshape(-1)
            current = _conv_layer(current, kernels, bias)
```

```
            elif kind == 'relu':
                current = tf.nn.relu(current)
            elif kind == 'pool':
                current = _pool_layer(current)
            net[name] = current

        assert len(net) == len(layers)
        return net, mean_pixel

    def _conv_layer(input, weights, bias):
        conv = tf.nn.conv2d(input, tf.constant(weights), strides=(1, 1, 1, 1),
                padding='SAME')
        return tf.nn.bias_add(conv, bias)

    def _pool_layer(input):
        return tf.nn.max_pool(input, ksize=(1, 2, 2, 1), strides=(1, 2, 2, 1),
                padding='SAME')


    def preprocess(image, mean_pixel):
       return image - mean_pixel


    def unprocess(image, mean_pixel):
       return image + mean_pixel
```

8.4 小结

在本章中，我们学习了不同的深度神经网络结构。

我们学习了近几年来知名的结构 VGG，并学会了如何使用该结构进行艺术风格转移。

下一章中，我们学习机器学习技术最有用的技术：图像处理单元（Graphical Processing Units）。我们将会学习怎样在 TensorFlow 中使用 GPU 支持，并且将其的运行时间与只有 CPU 运行的时间做对比。

第 9 章
规模化运行模型——GPU 和服务

直到现在为止，我们都还只是在一个主机的 CPU 上运行程序，这意味着，我们最多只能在几个处理核上运行程序（低端的电脑为 2 核或 4 核，高端的处理器能多达 16 核）。

然而，即使如此强大的计算资源在面对庞大的计算任务时，还有时力不从心。

因此，我们需要开发一种分布式的训练和运行模型的方式，这就是分布式 TensorFlow 的意图。

在本章中，你将会学到：

- 如何查看 TensorFlow 拥有的计算资源；
- 如何将任务分配给一个计算节点中不同的计算单元；
- 如何记录 CPU 操作日志；
- 如何在拥有很多分布式计算单元的集群上分布计算。

9.1 TensorFlow 中的 GPU 支持

TensorFlow 拥有 CPU 和 GPU 的原生支持，如图 9-1 所示。因此，TensorFlow 可以为不同的计算使用一个版本。

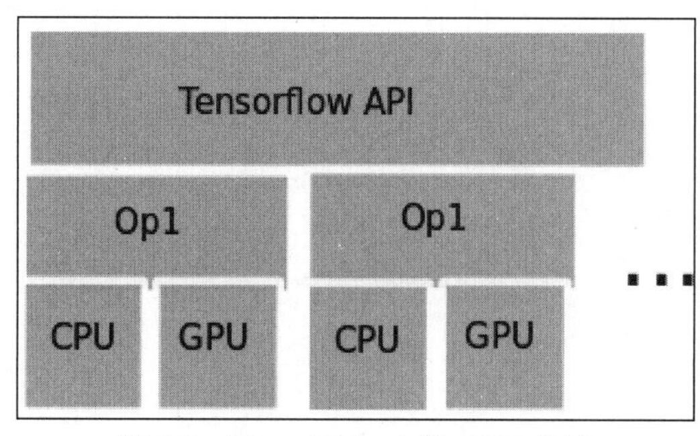

图 9-1　TensorFlow 中的 GPU 支持

9.2 打印可用资源和设备参数

在我们开始使用操作之前，TensorFlow 可以帮我们反映出可用的计算资源。这样我们才能将我们的操作选择性分配到可用资源上。

9.2.1 计算能力查询

为了获取一台机器上的计算元素，你可以使用 log_device_placement，当建立一个 TensorFlow 会话的时候，按照这种方式：

```
python
>>>Import tensorflow as tf
>>>sess = tf.Session(config=tf.ConfigProto(log_device_placement=True))
```

该命令的输出如图 9-2 所示。

```
$ python
Python 2.7.12 (default, Jul  1 2016, 15:12:24)
[GCC 5.4.0 20160609] on linux2
Type "help", "copyright", "credits" or "license" for more information.
>>> import tensorflow as tf
I tensorflow/stream_executor/dso_loader.cc:108] successfully opened CUDA library libcublas.so
locally
I tensorflow/stream_executor/dso_loader.cc:108] successfully opened CUDA library libcudnn.so.5
 locally
I tensorflow/stream_executor/dso_loader.cc:108] successfully opened CUDA library libcufft.so l
ocally
I tensorflow/stream_executor/dso_loader.cc:108] successfully opened CUDA library libcuda.so.1
locally
I tensorflow/stream_executor/dso_loader.cc:108] successfully opened CUDA library libcurand.so
locally
>>> sess = tf.Session(config=tf.ConfigProto(log_device_placement=True))
I tensorflow/stream_executor/cuda/cuda_gpu_executor.cc:925] successful NUMA node read from Sys
FS had negative value (-1), but there must be at least one NUMA node, so returning NUMA node z
ero
I tensorflow/core/common_runtime/gpu/gpu_init.cc:102] Found device 0 with properties:
name: GRID K520
major: 3 minor: 0 memoryClockRate (GHz) 0.797
pciBusID 0000:00:03.0
Total memory: 4.00GiB
Free memory: 3.95GiB
I tensorflow/core/common_runtime/gpu/gpu_init.cc:126] DMA: 0
I tensorflow/core/common_runtime/gpu/gpu_init.cc:136] 0:   Y
I tensorflow/core/common_runtime/gpu/gpu_device.cc:840] Creating TensorFlow device (/gpu:0) ->
 (device: 0, name: GRID K520, pci bus id: 0000:00:03.0)
Device mapping:
/job:localhost/replica:0/task:0/gpu:0 -> device: 0, name: GRID K520, pci bus id: 0000:00:03.0
I tensorflow/core/common_runtime/direct_session.cc:175] Device mapping:
/job:localhost/replica:0/task:0/gpu:0 -> device: 0, name: GRID K520, pci bus id: 0000:00:03.0
```

图 9-2 命令输出

这个输出主要显示了，对于不同的 CUDA 库的信息，然后就是 CPU 的名字 GRID K520，以及GPU的计算性能。

上面这段很长的输出，主要是告诉我们所用的CUDA版本、GPU的名称和GPU的计算能力。

9.2.2 选择CPU用于计算

如果你的机器有GPU可以使用，但是你还是想要用CPU，我们可以通过方法tf.Graph.device选择计算资源。

该函数的使用方法如下：

```
with tf.Graph.device(device_name_or_function):
```

该方法的参数是处理单元的字符串，或者是返回处理单元字符串的函数，或者为空。返回值是赋值了处理单元的上下文管理器。

如果参数是一个函数，那么每次操作就调用该函数，以决定在哪个处理单元上执行操作。这对于结合所有操作很有帮助。

9.2.3 设备名称

为了简化识别每个计算设备，我们使用了统一的命名格式：

/[device type]:[device index]

设备ID格式

计算设备命名示例如下。

- "/cpu:0"：机器中的第一个CPU。
- "/gpu:0"：机器中的GPU，如果你有一个的话。
- "/gpu:1"：机器中的第二个GPU，以此类推。

如果机器中有GPU，而且没有任何其他的设置，TensorFlow会默认选择GPU作为计算设备。

9.3 例1——将一个操作指派给GPU

本例中，我们会使用两个张量，使用GPU加载，并在CUDA的环境中对两个张量相加（安装方法在第10章中介绍，如图9-3所示。

此处，我们可以看到两个常量的相加，在/gpu:0上实现计算。因为这个时候，会优先选择gpu0。正如上面所说，如果机器中存在GPU设备，TensorFlow将会优先选择GPU作为计算设备。

```
$ python
Python 2.7.12 (default, Jul  1 2016, 15:12:24)
[GCC 5.4.0 20160609] on linux2
Type "help", "copyright", "credits" or "license" for more information.
>>> import tensorflow as tf
I tensorflow/stream_executor/dso_loader.cc:108] successfully opened CUDA library libcublas.so locally
I tensorflow/stream_executor/dso_loader.cc:108] successfully opened CUDA library libcudnn.so.5 locally
I tensorflow/stream_executor/dso_loader.cc:108] successfully opened CUDA library libcufft.so locally
I tensorflow/stream_executor/dso_loader.cc:108] successfully opened CUDA library libcuda.so.1 locally
I tensorflow/stream_executor/dso_loader.cc:108] successfully opened CUDA library libcurand.so locally
>>> a = tf.constant([5.0, 6.0], shape=[1, 2], name='a')
>>> b = tf.constant([2.0, 3.0], shape=[1, 2], name='b')
>>> c = tf.add(a, b)
>>> sess = tf.Session(config=tf.ConfigProto(log_device_placement=True))
I tensorflow/stream_executor/cuda/cuda_gpu_executor.cc:925] successful NUMA node read from SysFS had negative
I tensorflow/core/common_runtime/gpu/gpu_init.cc:102] Found device 0 with properties:
name: GRID K520
major: 3 minor: 0 memoryClockRate (GHz) 0.797
pciBusID 0000:00:03.0
Total memory: 4.00GiB
Free memory: 260.21MiB
I tensorflow/core/common_runtime/gpu/gpu_init.cc:126] DMA: 0
I tensorflow/core/common_runtime/gpu/gpu_init.cc:136] 0:   Y
I tensorflow/core/common_runtime/gpu/gpu_device.cc:840] Creating TensorFlow device (/gpu:0) -> (device: 0, na
Device mapping:
/job:localhost/replica:0/task:0/gpu:0 -> device: 0, name: GRID K520, pci bus id: 0000:00:03.0
I tensorflow/core/common_runtime/direct_session.cc:175] Device mapping:
/job:localhost/replica:0/task:0/gpu:0 -> device: 0, name: GRID K520, pci bus id: 0000:00:03.0

>>> print sess.run(c)
Add: /job:localhost/replica:0/task:0/gpu:0
I tensorflow/core/common_runtime/simple_placer.cc:818] Add: /job:localhost/replica:0/task:0/gpu:0
b: /job:localhost/replica:0/task:0/gpu:0
I tensorflow/core/common_runtime/simple_placer.cc:818] b: /job:localhost/replica:0/task:0/gpu:0
a: /job:localhost/replica:0/task:0/gpu:0
I tensorflow/core/common_runtime/simple_placer.cc:818] a: /job:localhost/replica:0/task:0/gpu:0
[[ 7.  9.]]
>>>
```

图 9-3　张量相加

9.4　例 2——并行计算 Pi 的数值

本例中，我们将学习并行计算，实现蒙特卡洛近似计算 Pi。

蒙特卡洛方法就是使用随机数值序列来进行估算。

本例中，我们会随机产生很多样例抛入正方形中，如图 9-4 所示。我们知道，落入圆中的样本数量跟落入正方形中的样本数量跟两者的面积比例相同。

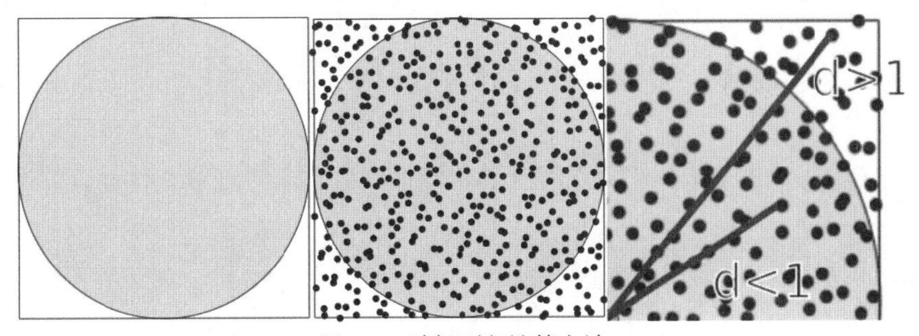

图 9-4　随机面积计算方法

为了解决这个问题，我们随机生成样本，计算圆圈内的点和落在方框内的点的比例。

该计算假设分布是均匀的，那么两者中的样本比例应该跟两者的面积比例相同。

我们使用如下比例：

$$\rho = \frac{\text{圆的面积}}{\text{正方形的面积}} = \frac{\pi r^2}{(2r)^2} = \frac{\pi}{4} = \frac{3.1415926535897932}{4} = 0.7853981633974483$$

用面积比例计算 Pi

由以上比例，我们能够推断出，落入圆圈中的样本和落入方块中的样本比例也应该是 0.785。

另一个事实就是，我们生成的样本越多，那么我们计算的准确度应该会越高。这告诉我们，当我们增加 GPU 的数量时，我们可以增加样本，因此增加准确率。

进一步减少计算的方法就是限制（X,Y）坐标的范围，限制到(0,1)，这样我们生成的方式更直接。我们只要计算（圆的半径）。

9.4.1 实现方法

本方法只用 CPU 做计算；但是在本试验中，我们操作服务器中的 GPU 资源（本例中为 4 个），然后接受采样结果，做最终采样计算，如图 9-5 所示。

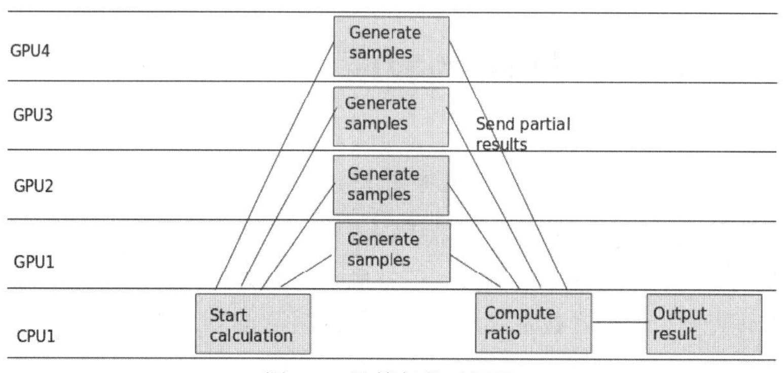

图 9-5 计算任务时间线

本方法的收敛速度很慢，是 $o(n^{1/2})$，但我们的例子不是追求速度，只是做一个最简单的示例。

在上面例子中，通过生成样本并进行计算，我们看到了怎样进行并行计算的操作。

9.4.2 源代码

完整的源代码如下：

```
import tensorflow as tf
import numpy as np
c = []
#Distribute the work between the GPUs
for d in ['/gpu:0', '/gpu:1', '/gpu:2', '/gpu:3']:
    #Generate the random 2D samples
    i=tf.constant(np.random.uniform(size=10000), shape=[5000,2])
    with tf.Session() as sess:
       tf.initialize_all_variables()
       #Calculate the euclidean distance to the origin
       distances=tf.reduce_sum(tf.pow(i,2),1)
       #Sum the samples inside the circle
       tempsum =
sess.run(tf.reduce_sum(tf.cast(tf.greater_equal(tf.cast(1.0,tf.float64),dis
tances),tf.float64)))
       #append the current result to the results array
       c.append( tempsum)
    #Do the final ratio calculation on the CPU
    with tf.device('/cpu:0'):
       with tf.Session() as sess:
           sum = tf.add_n(c)
           print (sess.run(sum/20000.0)*4.0)
```

9.5 分布式 TensorFlow

分布式 TensorFlow 可以计算拥有多个计算节点的集群，无缝在节点间分配任务。

在进行分布式计算之前，需要先设置分布式计算环境。因为我们需要计算的是大数据的、可扩展的计算，所以设置环境会不同于之前的计算。

9.5.1 分布式计算组件

本部分，我们描述一个分布式 TensorFlow 的设置，从最细粒度的任务元素到整个集群描述。

1. 作业

一个作业（job）可以被拆分成多个具有相同目的的任务（task），一般有两种类型的作业。

- 参数服务器（parameter server）作业：保存和更新变量，发布各个参数节点的初始值和当前值。
- 工作（work）作业：进行计算操作。

2. 任务

任务（task）是作业的分割，每个任务都会属于一个作业（job）。在作业内部，不同的任务用索引标识。一般来说，索引为0的任务是主任务或者协调任务。

3. 服务器

服务器（sever）是为物理计算设备抽象出来的逻辑对象。每一个服务器都被排他性地分配给一个任务。

4. 综合回顾

图9-6展示了一个集群中所有的部分。

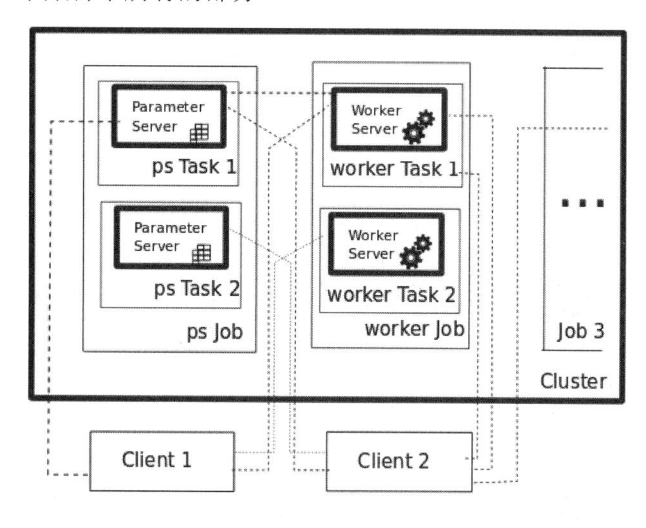

图9-6 TensorFlow集群设置元素

图9-6中包含了两个作业，分别是参数服务器作业和工作作业。TensorFlow为各个部分之间的通信创建grpC（谷歌远程过程调用，google remote procedure call）通信通道。对于每个作业类型，都有几个不同的任务，能够将作业域问题的子问题分开解决。

9.5.2 创建TensorFlow集群

分布式集群编程的第一个任务就是创建一个ClusterSpec对象，用来包含真实的服务器的实际地址和端口，这是整个集群的一部分。

每个服务器只能对应一个任务，但是在一台机器上可以有多个任务（因为可能有多个GPU设备）。对于每个任务，做如下操作：

- 创建 tf.train.ClusterSpec 对象来描述一个集群中所有的任务。
- 将 ClusterSpec 对象传递给 tf.train.Server 的构造函数，将当前任务关联起一个作业名和任务索引。

1. ClusterSpec 定义格式

ClusterSpec 对象使用协议缓存（protocol buffer）格式，这是一种基于 JSON 的特殊格式。格式如下：

```
{
    "job1 name": [
       "task0 server uri",
       "task1 server uri"
        ...
     ]
...
     "jobn name"[
        "task0 server uri",
        "task1 server uri"
     ]})
...
```

从上面的描述，我们可以知道下段创建了一个集群，一个参数服务器作业和 3 个工作作业。

```
tf.train.ClusterSpec({
   "worker": [
      "wk0.example.com:2222",
      "wk1.example.com:2222",
      "wk2.example.com:2222"
   ],
   "ps": [
      "ps0.example.com:2222",
   ]})
```

2. 创建 tf.train.Sever

定义 ClusterSpec 只是配置集群操作的第一步。下面我们使用 tf.train.Server 类创建一个本地服务器。

该类的构造函数需要的参数是：一个集群对象，一个作业名，还有一个任务索引：

```
server = tf.train.Server(cluster, job_name="local", task_index=[Number of
server])
```

9.5.3 集群操作——发送计算方法到任务

为了开始集群学习操作，我们需要学习操作资源的寻址。

首先，假设我们已经建立了一个集群，集群中有不同的作业和任务资源。集群中的任意资源的 ID 是符合如下格式的字符串：

/job:[job name]/tasks:[task id]

想要调用上下文管理器中的资源，可以用如下的关键词和结构。

```
with tf.device("/job:ps/task:1"):
    [代码块]
```

"/job:ps/task:1"字符串标识我们所调用的资源，在上下文管理器中使用。

图 9-7 展示了一个集群设置的示例，包含了所有的部分寻址的名称。

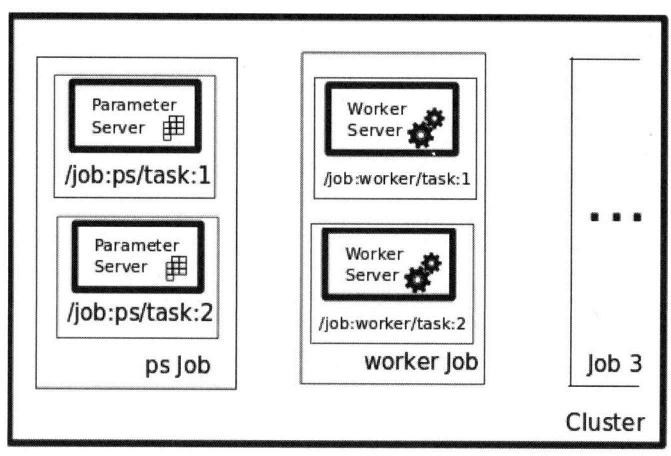

图 9-7 服务器各元素命名

9.5.4 分布式编码结构示例

下面的示例代码设置了一个服务器和一个工作作业，并将不同的任务分配给不同的资源进行操作。

```
#Address the Parameter Server task
with tf.device("/job:ps/task:1"):
  weights = tf.Variable(...)
  bias = tf.Variable(...)

#Address the Parameter Server task
with tf.device("/job:worker/task:1"):
    #... Generate and train a model
  layer_1 = tf.nn.relu(tf.matmul(input, weights_1) + biases_1)
  logits = tf.nn.relu(tf.matmul(layer_1, weights_2) + biases_2)
  train_op = ...
```

```
#Command the main task of the cluster
with tf.Session("grpc://worker1.cluster:2222") as sess:
  for i in range(100):
    sess.run(train_op)
```

9.6 例 3——分布式 Pi 计算

本例中，我们会改变我们的视角，从一个拥有多个计算资源的服务器，到一个拥有多个服务器的集群。集群中每台服务器又各自拥有多个计算资源。

在分布式版本执行时，会需要一些设置，由图 9-8 说明。

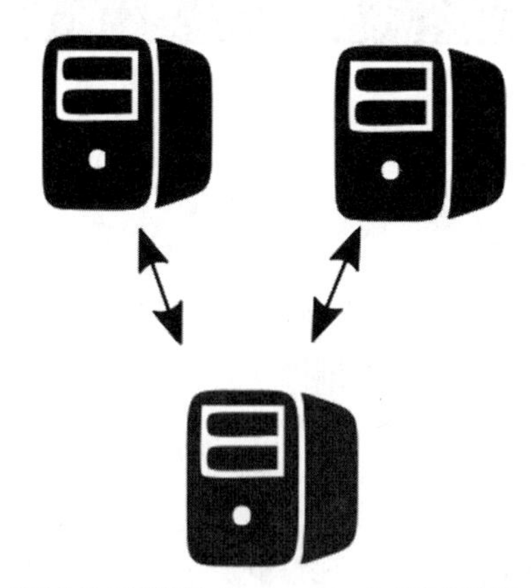
1）开启服务器实例（start_server.py）并等待计算
2）初始化协调服务器（cluster_pi.py）并运行计算
3）汇总结果并进行最终计算

图 9-8 分布式调度运行

9.6.1 服务器端脚本

该脚本将会在各个计算节点被执行。本例中，我们会使用两个工作作业，假设我们在 localhost 上用命令行指明索引号。如果你想在网络上的节点运行它们，只需要将 localhost 的地址替换成集群空间的地址。

源代码如下：

```
import tensorflow as tf
tf.app.flags.DEFINE_string("index", "0","Server index")
FLAGS = tf.app.flags.FLAGS
```

```
print FLAGS.index
cluster = tf.train.ClusterSpec({"local": ["localhost:2222",
"localhost:2223"]})
server = tf.train.Server(cluster, job_name="local",
task_index=int(FLAGS.index))
server.join()
```

在本机上按如下命令执行该脚本：

```
python start_server.py -index=0 #Server task 0
python start_server.py -index=1 #Server task 1
```

如果不出意外，server 上的输出如图 9-9 所示。

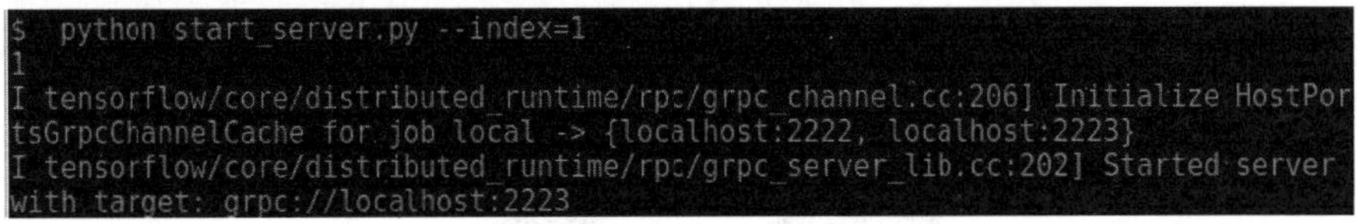

```
$ python start_server.py --index=1
1
I tensorflow/core/distributed_runtime/rpc/grpc_channel.cc:206] Initialize HostPor
tsGrpcChannelCache for job local -> {localhost:2222, localhost:2223}
I tensorflow/core/distributed_runtime/rpc/grpc_server_lib.cc:202] Started server
with target: grpc://localhost:2223
```

图 9-9 服务器端初始化

9.6.2 客户端脚本

然后，我们会使用客户端脚本。客户端脚本将会发送产生随机数字的任务到集群成员，进行最终的 Pi 的计算，几乎跟 GPU 的例子相同。

```
import tensorflow as tf
import numpy as np

tf.app.flags.DEFINE_integer("numsamples", "100","Number of samples per
server")
FLAGS = tf.app.flags.FLAGS

print ("Sample number per server: " + str(FLAGS.numsamples) )
cluster = tf.train.ClusterSpec({"local": ["localhost:2222",
"localhost:2223"]})
#This is the list containing the sumation of samples on any node
c=[]

def generate_sum():
        i=tf.constant(np.random.uniform(size=FLAGS.numsamples*2),
shape=[FLAGS.numsamples,2])
        distances=tf.reduce_sum(tf.pow(i,2),1)
        return
(tf.reduce_sum(tf.cast(tf.greater_equal(tf.cast(1.0,tf.float64),distances),
tf.int32)))


with tf.device("/job:local/task:0"):
```

```
        test1= generate_sum()

with tf.device("/job:local/task:1"):
        test2= generate_sum()
#If your cluster is local, you must replace localhost by the address of the
first node
with tf.Session("grpc://localhost:2222") as sess:
      result = sess.run(tf.cast(test1 +
test2,tf.float64)/FLAGS.numsamples*2.0)
      print(result)
```

9.7 例 4——在集群上运行分布式模型

本例将会教大家怎样在一个分布式 TensorFlow 上运行一个例子。

本例中，我们会完成一个简单的任务，但是我们会包含机器学习所有的步骤。

本例中，我们会创建一个参数服务器，用来存储和分发线性方程的参数（本例中只有 w 和 b_0）。除此之外还有两个工作作业来协作训练参数，并基于最后一次的结果不断更新结果。

分布式训练集群设置如图 9-10 所示。

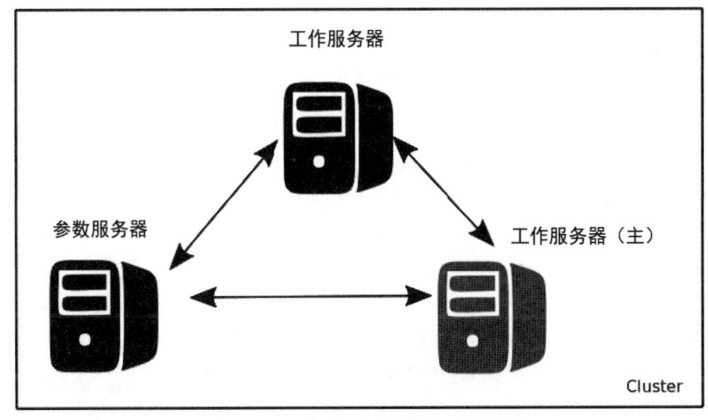

图 9-10　分布式训练集群设置

源代码如下：

```
import tensorflow as tf
import numpy as np
from sklearn.utils import shuffle

# Here we define our cluster setup via the command line
tf.app.flags.DEFINE_string("ps_hosts", "",
                           "Comma-separated list of hostname:port pairs")
tf.app.flags.DEFINE_string("worker_hosts", "",
                           "Comma-separated list of hostname:port pairs")
```

```
# Define the characteristics of the cluster node, and its task index
tf.app.flags.DEFINE_string("job_name", "", "One of 'ps', 'worker'")
tf.app.flags.DEFINE_integer("task_index", 0, "Index of task within the
job")

FLAGS = tf.app.flags.FLAGS


def main(_):
  ps_hosts = FLAGS.ps_hosts.split(",")
  worker_hosts = FLAGS.worker_hosts.split(",")

  # Create a cluster following the command line paramaters.
  cluster = tf.train.ClusterSpec({"ps": ps_hosts, "worker": worker_hosts})
  # Create the local task.
  server = tf.train.Server(cluster,
                           job_name=FLAGS.job_name,
                           task_index=FLAGS.task_index)

if FLAGS.job_name == "ps":
  server.join()
elif FLAGS.job_name == "worker":

  # Assigns ops to the local worker by default.
  with tf.device(tf.train.replica_device_setter(
      worker_device="/job:worker/task:%d" % FLAGS.task_index,
      cluster=cluster)):

    #Define the training set, and the model parameters, loss function and
training operation
    trX = np.linspace(-1, 1, 101)
    trY = 2 * trX + np.random.randn(*trX.shape) * 0.4 + 0.2 # create a y
value
    X = tf.placeholder("float", name="X") # create symbolic variables
    Y = tf.placeholder("float", name = "Y")

    def model(X, w, b):
      return tf.mul(X, w) + b # We just define the line as X*w + b0

    w = tf.Variable(-1.0, name="b0") # create a shared variable
    b = tf.Variable(-2.0, name="b1") # create a shared variable
    y_model = model(X, w, b)

    loss = (tf.pow(Y-y_model, 2)) # use sqr error for cost function
    global_step = tf.Variable(0)

    train_op = tf.train.AdagradOptimizer(0.8).minimize(
       loss, global_step=global_step)
```

```
    #Create a saver, and a summary and init operation
      saver = tf.train.Saver()
      summary_op = tf.merge_all_summaries()
      init_op = tf.initialize_all_variables()

    # Create a "supervisor", which oversees the training process.
    sv = tf.train.Supervisor(is_chief=(FLAGS.task_index == 0),
                             logdir="/tmp/train_logs",
                             init_op=init_op,
                             summary_op=summary_op,
                             saver=saver,
                             global_step=global_step,
                             save_model_secs=600)

    # The supervisor takes care of session initialization, restoring from
    # a checkpoint, and closing when done or an error occurs.
    with sv.managed_session(server.target) as sess:
      # Loop until the supervisor shuts down
      step = 0
      while not sv.should_stop() :
        # Run a training step asynchronously.
        # See `tf.train.SyncReplicasOptimizer` for additional details on
how to
        # perform *synchronous* training.
        for i in range(100):
          trX, trY = shuffle (trX, trY, random_state=0)
          for (x, y) in zip(trX, trY):
              _, step = sess.run([train_op, global_step],feed_dict={X: x,
Y: y})
          #Print the partial results, and the current node doing the
calculation
          print ("Partial result from node: " + str(FLAGS.task_index) + ",
w: " + str(w.eval(session=sess))+ ", b0: " + str(b.eval(session=sess)))
    # Ask for all the services to stop.
    sv.stop()

if __name__ == "__main__":
  tf.app.run()
```

对于参数服务器作业使用如下命令：

```
   python trainer.py --ps_hosts=localhost:2222 --
worker_hosts=localhost:2223,localhost:2224 --job_name=ps -task_index=0
   he first
```

对于第一个工作作业使用如下命令：

```
   python trainer.py --ps_hosts=localhost:2222 --
worker_hosts=localhost:2223,localhost:2224 --job_name=worker -
task_index=0
```

对于第二个工作作业使用如下命令：

```
python trainer.py --ps_hosts=localhost:2222 --
worker_hosts=localhost:2223,localhost:2224 --job_name=worker --
task_index=1
```

9.8 小结

本章中，我们学习了两种用 TensorFlow 实现分布式高性能计算的方法，一种是单机版，另一种是集群版。

下一章中，我们将会学习怎样在多种环境和工具中安装 TensorFlow。

第 10 章 库的安装和其他技巧

有几种安装 TensorFlow 的方法。谷歌公司为不同的结构、不同的操作系统和图像处理卡（Graphics Processing Unit，GPU）准备了不同的安装包。虽然在 GPU 上运行机器学习任务会更快，但是两个选项都提供了：

- CPU：这将会在本机器的各个 CPU 的核上处理数据。
- GPU：这个功能能够在更强大的 NVIDIA 公司的 CUDA 上运行。其实还有其他许多的架构，如 Vulkan，但是它们不像 CUDA 那么流行，所以还不能成为标准。

本章中，我们将会学习：

- 如何在 3 种不同的操作系统上安装 TensorFlow（Linux、Windows 和 MacOS X）。
- 如何测试安装是否成功，如何运行示例程序，如何开发你的脚本。
- 额外的资源，在编写机器学习程序的时候简化我们的工作。

10.1 Linux 安装

首先，我们要说明，正如你所知道的那样，Linux 王国有许多的变体，它们都有自己独特的包管理办法，基于此，我们选择使用 Ubuntu 16.04 发行版。无疑，这是最流行的 Linux 发行版，而且 Ubuntu 16.04 还是一个 LTS（Long Term Support，长期支持）版本。也就是说，桌面版拥有 3 年的支持，服务器版拥有 5 年的支持。这意味着，我们的基础软件在 2021 年前都能获得支持！

你可以在网站 https://wiki.ubuntu.com/LTS 获得更多的 LTS 信息。

Ubuntu，即使是一个面向新手的版本，也能满足对于 TensorFlow 的所有技术支持，而且面向新手的版本还拥有最多的用户支持。基于此，我们会介绍使用该版本的所有步骤。Ubuntu

下的步骤跟基于 Debian 的发行版的步骤类似。

在写作本书的时候，TensorFlow 还不能支持 32 位的 Linux 版本。所以，首先确认，你所用的是 64 位版本的 Linux。

10.1.1 安装要求

对于这种 TensorFlow 的安装，你有两个选择：

- 一个运行在云上基于 AMD-64 的镜像；
- 一台兼容 AMD-64 指令的电脑（通常称作 64 位处理器）。

AWS 上，有一个非常适合的 ami 镜像，编码是 ami-cf68e0d8，既能运行在 CPU 上，也能运行在 GPU 上。

10.1.2 Ubuntu 安装准备（安装操作的前期操作）

因为我们使用的是最新的 Ubuntu 16.04，我们需要确保所有的包都是更新到最新的版本，然后还要有最小的 Python 的支持环境。

我们执行如下命令行：

```
$ sudo apt-get update
$ sudo apt-get upgrade -y
$ sudo apt-get install -y build-essential python-pip python-dev python-numpy
swig python-dev default-jdk zip zlib1g-dev
```

10.1.3 Linux 下通过 pip 安装 TensorFlow

本部分，我们使用 pip 包管理器，来获取 TensorFlow 和它的所有依赖。

这是一种非常直接的办法，只要做适当的调整就能够在不同环境下安装一个可以工作的 TensorFlow。

1. CPU 版本

为了安装 TensorFlow 和其依赖，我们只需要使用如下的命令（就像我们在准备工作中使用的那样）。

对于标准的 Python 2.7，使用如下命令：

```
    $ sudo pip install -upgrade
https://storage.googleapis.com/tensorflow/linux/cpu/tensorflow-0.9.0-cp27-n
one-linux_x86_64.whl
```

然后，你就会发现，所有的依赖包都会依次下载。如果不出意外，你的屏幕将会显示如图 10-1 所示。

```
Collecting tensorflow==0.9.0 from https://storage.googleapis.com/tensorflow/linu
x/cpu/tensorflow-0.9.0-cp27-none-linux_x86_64.whl
  Downloading https://storage.googleapis.com/tensorflow/linux/cpu/tensorflow-0.9
.0-cp27-none-linux_x86_64.whl (27.6MB)
    100% |################################| 27.6MB 48kB/s
Collecting numpy>=1.8.2 (from tensorflow==0.9.0)
  Downloading numpy-1.11.1-cp27-cp27mu-manylinux1_x86_64.whl (15.3MB)
    100% |################################| 15.3MB 89kB/s
Collecting six>=1.10.0 (from tensorflow==0.9.0)
  Downloading six-1.10.0-py2.py3-none-any.whl
Collecting protobuf==3.0.0b2 (from tensorflow==0.9.0)
  Downloading protobuf-3.0.0b2-py2.py3-none-any.whl (326kB)
    100% |################################| 327kB 2.7MB/s
Requirement already up-to-date: wheel in /usr/lib/python2.7/dist-packages (from
tensorflow==0.9.0)
Collecting setuptools (from protobuf==3.0.0b2->tensorflow==0.9.0)
  Downloading setuptools-25.1.1-py2.py3-none-any.whl (442kB)
    100% |################################| 450kB 2.8MB/s
Installing collected packages: numpy, six, setuptools, protobuf, tensorflow
  Found existing installation: setuptools 20.7.0
    Not uninstalling setuptools at /usr/lib/python2.7/dist-packages, outside env
ironment /usr
Successfully installed numpy-1.11.1 protobuf-3.0.0b2 setuptools-25.1.1 six-1.10.
0 tensorflow-0.9.0
```

图 10-1 使用 pip 安装时的输出

2. 测试安装是否成功

安装完成之后，我们可以做一个小的测试，调用 Python 解释器，然后引入 TensorFlow 库，定义两个数字常量，对它们加和。

```
$ python
>>> import tensorflow as tf
>>> a = tf.constant(2)
>>> b = tf.constant(20)
>>> with tf.Session() as sess:
        print(sess.run(a + b))
```

3. GPU 支持

如果想安装带 GPU 支持的 TensorFlow 库，就改为执行以下命令：

```
   $ sudo pip install -upgrade
https://storage.googleapis.com/tensorflow/linux/gpu/tensorflow-0.10.0rc0-cp
27-none-linux_x86_64.whl
```

还有许多其他版本的预编译 TensorFlow 包。

它们的安装网址要替换成如下格式：

```
https://storage.googleapis.com/tensorflow/linux/[processor
type]/tensorflow-[version]-cp[python version]-none-linux_x86_64.whl
```

这里面的“[processor type]”是 GPU 或者 CPU，“[version]”是 TensorFlow 的版本（实际是 0.11），“[python version]”是 Python 的版本，可选 2.7、3.4 或者 3.5。

4．Virtualenv 安装方法

本部分，我们将会解释如何使用 Virtualenv 工具安装 TensorFlow。

Virtualenv 的官网（virtualenv.pypa.io）对 Virtualenv 的介绍如下：

“Virtualenv 是用来创建独立的 Python 环境的工具。（……）通过创建一个独立的安装目录，创造了一个独立的安装环境，不跟其他的 Virtualenv 共享库（可以选择是否使用已经安装好的全局库）。”

通过该工具，我们能够将 TensorFlow 安装在一个独立的环境之中，而不影响系统中的其他库，其他库也不会影响到 TensorFlow 的安装。

安装 Virtualenv 有如下简单几步（在 Linux 终端中）：

1）设置 LC_ALL 变量：

```
$ export LC_ALL=C
```

2）用 Ubuntu 包安装工具安装 Virtualenv：

```
$ sudo apt-get install python-virtualenv
```

3）安装 Virtualenv 包：

```
virtualenv --system-site-packages ~/tensorflow
```

4）然后就可以使用新的 TensorFlow 了，要记得激活 TensorFlow 的环境：

```
source ~/tensorflow/bin/activate
```

5）通过 pip 安装 TensorFlow 包：

```
    pip install -upgrade
https://storage.googleapis.com/tensorflow/linux/cpu/tensorflow-0.9.0-cp27-n
one-linux_x86_64.whl
```

通过这个办法，你可以在一台电脑里面安装 TensorFlow 的不同版本。

5. 环境测试

下面我们来为 TensorFlow 做一个最简单的测试。

首先，需要激活刚创建的 TensorFlow 环境：

```
$ source ~/tensorflow/bin/activate
```

然后，提示就会带一个（TensorFlow）的前缀，我们只想用简单的代码加载 TensorFlow，将两个值相乘：

```
(tensorflow) $ python
>>> import tensorflow as tf
>>> a = tf.constant(2)
>>> b = tf.constant(3)
>>> with tf.Session() as sess:
        print(sess.run(a * b))
6
```

当所有的操作完成之后，如果想回到正常的环境，可以激活（deactivate）环境：

```
(tensorflow)$ deactivate
```

6. Docker 安装方法

我们还可以通过最近的一种技术“容器”来安装 TensorFlow。

容器在某种程度上跟 Virtualenv 有些类似。在 Docker 中，你也会拥有一个新的虚拟环境。主要的区别就是虚拟化的层次。

它将应用程序和其依赖包含在一个包中，并且这些封装的容器可以同时运行在一个通用层上，Docker 引擎又在主机操作系统上运行。

Docker 主架购如图 10-2 所示。

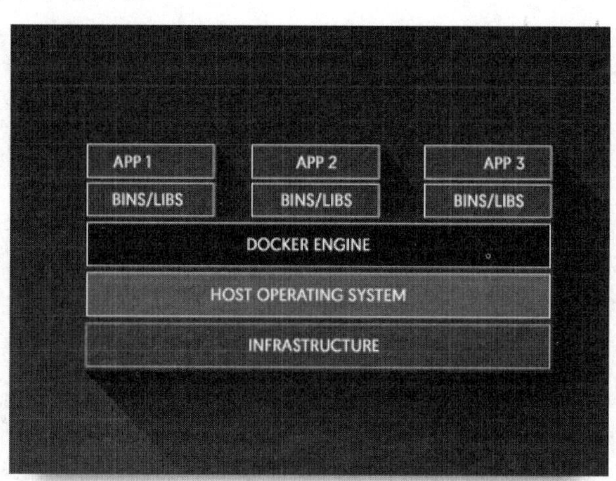

图 10-2 Docker 主架构（图片来源-https://www.docker.com/products/docker-engine）

（1）安装 Docker

首先，我们通过 apt 包安装 Docker：

```
sudo apt-get install docker.io
```

（2）以普通用户身份运行 Docker

本部分，我们创建一个 Docker 组，然后将一个用户加入这个组：

```
sudo groupadd docker
```

当你运行这段程序的时候，可能会遇到错误；提示用户组“docker”已经存在。你可安全忽略这个错误。

然后将当前用户添加到该 Docker 用户组：

```
sudo usermod -aG docker [your user]
```

该命令不应该返回任何输出。

（3）重启

本步之后，我们使用 reboot 来应用这个上面的操作。

（4）测试 Docker 的安装

重启之后，我们调用 Docker 的 Hello World 例子测试 Docker 是否安装成功，如图 10-3 所示。

```
$ docker run hello-world
```

```
$ docker run hello-world

Hello from Docker!
This message shows that your installation appears to be working correctly.

To generate this message, Docker took the following steps:
 1. The Docker client contacted the Docker daemon.
 2. The Docker daemon pulled the "hello-world" image from the Docker Hub.
 3. The Docker daemon created a new container from that image which runs the
    executable that produces the output you are currently reading.
 4. The Docker daemon streamed that output to the Docker client, which sent it
    to your terminal.

To try something more ambitious, you can run an Ubuntu container with:
 $ docker run -it ubuntu bash

Share images, automate workflows, and more with a free Docker Hub account:
 https://hub.docker.com

For more examples and ideas, visit:
 https://docs.docker.com/engine/userguide/
```

图 10-3 Docker Hello World 容器

（5）在容器中运行 TensorFlow

然后我们运行（如果还没安装，先安装）TensorFlow 的二进制镜像（本例中使用的是 vanilla CPU 镜像）：

```
docker run -it -p 8888:8888 gcr.io/tensorflow/tensorflow
```

安装完成之后，在 Jupyter notebook 中运行 TensorFlow。

许多例子程序都是 Jupyter notebook 格式的。为了执行这些程序，你需要首先安装和使用 Jupyter notebook。主页是 jupyter.org。Jupyter notebook 的初始界面如图 10-4 所示。

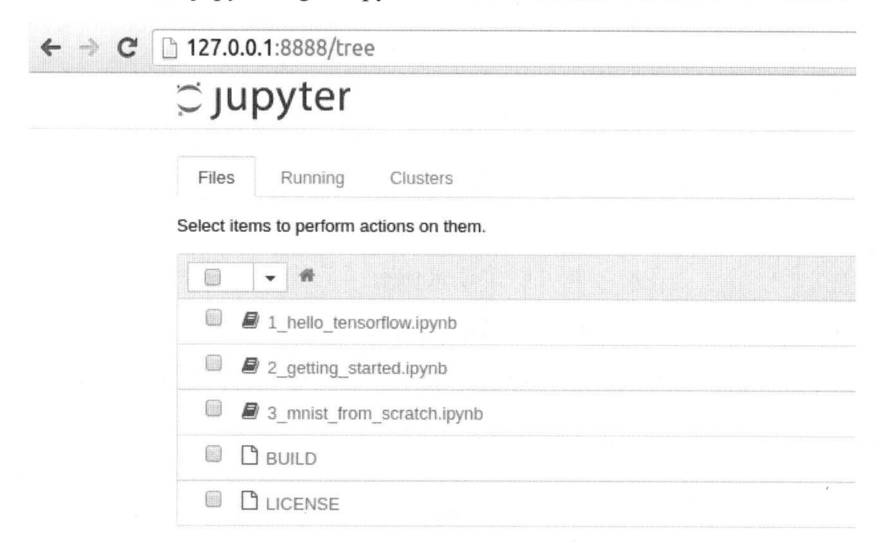

图 10-4 Jupyter notebook 主界面

10.1.4 Linux 下从源码安装 TensorFlow

现在，我们可以进入最复杂的、对开发者最友好的 TensorFlow 安装方法——源码安装。首先我们需要使用几个工具来下载和编译 TensorFlow。

1．安装 Git 代码版本管理器

Git 是最著名的代码版本管理器之一。Google 的很多开源代码都是发布在 Github 上。

为了下载 TensorFlow 的源代码，我们要首先安装 Git 源码管理器。

为了在 Linux（Ubuntu 16.04）下安装 Git，执行以下命令：

```
$ sudo apt-get install git
```

2．安装 Bazel 构建工具

Bazel（bazel.io）是谷歌公司的软件构建工具，在谷歌内部已经使用了超过 7 年。2015 年

9 月份，Bazel 对外发布。

Bazel 被用作 TensorFlow 的主构建工具，所以为了执行高级的任务，我们首先要学一些关于该工具的基本知识。

相比于其他工具，如 Gradle，Bazel 的优势体现在：

- 支持多种语言，如 C++、Java、Python 等；
- 支持创建 Android 和 iOS 应用，甚至是 Docker 镜像；
- 支持使用多种代码库，如 Github、Maven 等；
- 通过 API 实现定制规则的扩展。

① 添加 Bazel 包源

首先，我们要为可用仓库（repository）添加 Bazel 仓库，并将其配置进 apt 工具。因为 apt 工具是 Ubuntu 操作系统下的依赖管理工具。

② 更新和安装 Bazel

我们拥有了包的源文件之后，就可以通过 apt-get 工具安装并更新 Bazel：

```
$ sudo apt-get update && sudo apt-get install bazel
```

执行这个命令之后，系统会自动安装 Java 和一系列其他依赖，所以会花多一些时间安装。

3. 安装 GPU 支持（可选）

本部分将会介绍 Linux 下安装 GPU 支持所需要的包。

事实上，TensorFlow 中唯一的获取 GPU 运算支持的方法就是通过 CUDA。

检查 NVIDIA 显卡驱动是否存在。可以执行以下命令行，查看是否有输出：

```
lsmod | grep nouveau
```

如果没有输出，检查 CUDA 系统包的安装。如果有输出，执行以下命令行：

```
    $ echo -e "blacklist nouveau\nblacklist lbm-nouveau\noptions nouveau
modeset=0\nalias nouveau off\nalias lbm-nouveau off\n" | sudo tee
/etc/modprobe.d/blacklist-nouveau.conf
    $ echo options nouveau modeset=0 | sudo tee -a /etc/modprobe.d/nouveau
kms.conf
    $ sudo update-initramfs -u
    $ sudo reboot (a reboot will occur)
```

4. 安装 CUDA 系统包

第一步是从仓库安装所需要的包：

```
sudo apt-get install -y linux-source linux-headers-`uname -r`
nvidia-graphics-drivers-361
nvidia-cuda-dev
```

```
sudo apt install nvidia-cuda-toolkit
sudo apt-get install libcupti-dev
```

如果你是在云镜像上安装 Tensorflow，请执行以下命令：

```
sudo apt-get install linux-image-extra-virtual
```

① 创建替换位置

目前 TensorFlow 安装需要一个严格的文件结构，所以我们必须在文件系统上为 CUDA 配置类似的结构。

执行如下命令行：

```
   sudo mkdir /usr/local/cuda
   cd /usr/local/cuda
   sudo ln -s /usr/lib/x86_64-linux-gnu/ lib64
   sudo ln -s /usr/include/ include
   sudo ln -s /usr/bin/ bin
   sudo ln -s /usr/lib/x86_64-linux-gnu/ nvvm
   sudo mkdir -p extras/CUPTI
   cd extras/CUPTI
   sudo ln -s /usr/lib/x86_64-linux-gnu/ lib64
   sudo ln -s /usr/include/ include
   sudo ln -s /usr/include/cuda.h /usr/local/cuda/include/cuda.h
   sudo ln -s /usr/include/cublas.h /usr/local/cuda/include/cublas.h
   sudo ln -s /usr/include/cudnn.h /usr/local/cuda/include/cudnn.h
   sudo ln -s /usr/include/cupti.h
/usr/local/cuda/extras/CUPTI/include/cupti.h
   sudo ln -s /usr/lib/x86_64-linux-gnu/libcudart_static.a
/usr/local/cuda/lib64/libcudart_static.a
   sudo ln -s /usr/lib/x86_64-linux-gnu/libcublas.so
/usr/local/cuda/lib64/libcublas.so
   sudo ln -s /usr/lib/x86_64-linux-gnu/libcudart.so
/usr/local/cuda/lib64/libcudart.so
   sudo ln -s /usr/lib/x86_64-linux-gnu/libcudnn.so
/usr/local/cuda/lib64/libcudnn.so
   sudo ln -s /usr/lib/x86_64-linux-gnu/libcufft.so
/usr/local/cuda/lib64/libcufft.so
   sudo ln -s /usr/lib/x86_64-linux-gnu/libcupti.so
/usr/local/cuda/extras/CUPTI/lib64/libcupti.so
```

② 安装 cuDNN

TensorFlow 还使用了额外的 cuDNN 包来加速深度神经网络操作。

我们先下载 cuDNN 包：

```
    $ wget
http://developer.download.nvidia.com/compute/redist/cudnn/v5/cudnn-7.5-linu
x-x64-v5.0-ga.tgz
```

然后解压并复制它们：

```
$ sudo cp cuda/lib64/libcudnn* /usr/local/cuda/lib64
$ sudo cp cuda/include/cudnn.h /usr/local/cuda/include
```

5. 克隆 TensorFlow 源码

最终，我们来到了获取 TensorFlow 源码的操作。

这可以通过如下命令，很简单地获得，如图 10-5 所示。

```
$ git clone https://github.com/tensorflow/tensorflow
```

```
bonnin@bonnin:~$ git clone https://github.com/tensorflow/tensorflow
Cloning into 'tensorflow'...
remote: Counting objects: 64971, done.
remote: Compressing objects: 100% (16/16), done.
remote: Total 64971 (delta 5), reused 0 (delta 0), pack-reused 64955
Receiving objects: 100% (64971/64971), 47.59 MiB | 150.00 KiB/s, done.
Resolving deltas: 100% (47762/47762), done.
Checking connectivity... done.
```

图 10-5　获取 TensorFlow 源码

6. 配置 TensorFlow 的构建环境

我们首先进入 TensorFlow 的主目录：

```
$ cd tensorflow
```

然后，我们运行配置脚本：

```
$ ./configure
```

脚本会向你询问关于配置的所有问题（大部分都可以直接按 Enter 或者回答 Yes），如图 10-6 所示。

```
$ ./configure
Please specify the location of python. [Default is /usr/bin/python]:
Do you wish to build TensorFlow with Google Cloud Platform support? [y/N]
No Google Cloud Platform support will be enabled for TensorFlow
Do you wish to build TensorFlow with GPU support? [y/N] y
GPU support will be enabled for TensorFlow
Please specify which gcc should be used by nvcc as the host compiler. [Default is /usr/bin/gcc]:
Please specify the Cuda SDK version you want to use, e.g. 7.0. [Leave empty to use system default]:
Please specify the location where CUDA  toolkit is installed. Refer to README.md for more details. [Default is
/usr/local/cuda]:
Please specify the Cudnn version you want to use. [Leave empty to use system default]:
Please specify the location where cuDNN  library is installed. Refer to README.md for more details. [Default is
/usr/local/cuda]:
Please specify a list of comma-separated Cuda compute capabilities you want to build with.
You can find the compute capability of your device at: https://developer.nvidia.com/cuda-gpus.
Please note that each additional compute capability significantly increases your build time and binary size.
[Default is: "3.5,5.2"]:
Setting up Cuda include
Setting up Cuda lib64
Setting up Cuda bin
Setting up Cuda nvvm
Setting up CUPTI include
Setting up CUPTI lib64
Configuration finished
```

图 10-6　CUDA 配置

如果你是在 AWS 上安装，你需要执行以下命令：

```
TF_UNOFFICIAL_SETTING=1  ./configure
```

7. 构建 TensorFlow

在完成所有的准备步骤后，我们需要编译 TensorFlow。下面的命令值得注意，因为它指向一个教程。我们编译这个例子是因为这个例子提供了一些最简单的安装测试。

运行如下命令：

```
$ bazel build -c opt --config=cuda
//tensorflow/cc:tutorials_example_trainer
```

8. 测试安装是否成功

到了我们测试安装的时间了。进入 TensorFlow 的主安装目录，执行如下命令：

```
$ bazel-bin/tensorflow/cc/tutorials_example_trainer --use_gpu
```

图 10-7 是该命令的输出。

```
$ bazel-bin/tensorflow/cc/tutorials_example_trainer --use_gpu
I tensorflow/stream_executor/dso_loader.cc:108] successfully opened CUDA library libcublas.so loc
ally
I tensorflow/stream_executor/dso_loader.cc:108] successfully opened CUDA library libcudnn.so.5 lo
cally
I tensorflow/stream_executor/dso_loader.cc:108] successfully opened CUDA library libcufft.so loca
lly
I tensorflow/stream_executor/dso_loader.cc:108] successfully opened CUDA library libcuda.so.1 loc
ally
I tensorflow/stream_executor/dso_loader.cc:108] successfully opened CUDA library libcurand.so loc
ally
I tensorflow/stream_executor/cuda/cuda_gpu_executor.cc:925] successful NUMA node read from SysFS
had negative value (-1), but there must be at least one NUMA node, so returning NUMA node zero
I tensorflow/core/common_runtime/gpu/gpu_init.cc:102] Found device 0 with properties:
name: GRID K520
major: 3 minor: 0 memoryClockRate (GHz) 0.797
pciBusID 0000:00:03.0
Total memory: 4.00GiB
Free memory: 3.95GiB
I tensorflow/core/common_runtime/gpu/gpu_init.cc:126] DMA: 0
I tensorflow/core/common_runtime/gpu/gpu_init.cc:136] 0:   Y
I tensorflow/core/common_runtime/gpu/gpu_device.cc:840] Creating TensorFlow device (/gpu:0) -> (d
evice: 0, name: GRID K520, pci bus id: 0000:00:03.0)
I tensorflow/core/common_runtime/gpu/gpu_device.cc:840] Creating TensorFlow device (/gpu:0) -> (d
evice: 0, name: GRID K520, pci bus id: 0000:00:03.0)
000006/000006 lambda = 1.841570 x = [0.669396 0.742906] y = [3.493999 -0.669396]
000000/000006 lambda = 1.841570 x = [0.669396 0.742906] y = [3.493999 -0.669396]
000003/000004 lambda = 1.841570 x = [0.669396 0.742906] y = [3.493999 -0.669396]
000002/000007 lambda = 1.841570 x = [0.669396 0.742906] y = [3.493999 -0.669396]
000001/000006 lambda = 1.841570 x = [0.669396 0.742906] y = [3.493999 -0.669396]
```

图 10-7 TensorFlow GPU 测试

10.2 Windows 安装

本部分讲解如何在 Windows 操作系统下安装 TensorFlow。首先，Windows 操作系统对于

TensorFlow 生态系统来说不是一个好的选择，但是我们还是可以在 Windows 操作系统下使用 TensorFlow。

10.2.1 经典的 Docker 工具箱方法

该方法主要使用 Docker 工具，Windows 系统的大部分发行版（从 Windows 7 开始，同样需要 64 位系统）都支持。

为了使用 Docker（具体是指 VirtualBox），你需要打开 VT-X 的扩展。该操作需要在 BIOS 下完成。

10.2.2 安装步骤

此处，我们会列出 Windows 下，通过 docker 安装 TensorFlow 的具体操作步骤。

1. 下载 Docker 工具箱安装文件

Docker 工具箱的安装文件的 URL 是“https://github.com/docker/toolbox/releases/download/v1.12.0/DockerToolbox-1.12.0.exe”。

执行该文件之后，安装界面显示如图 10-8 所示。

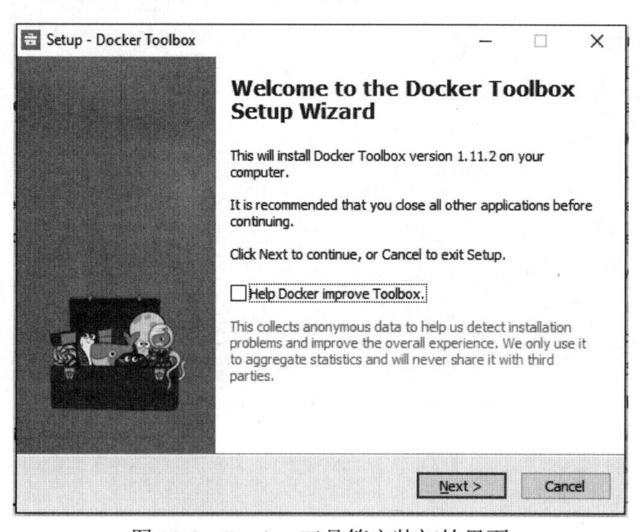

图 10-8 Docker 工具箱安装初始界面

单击 Next 按钮，界面如图 10-9 所示。

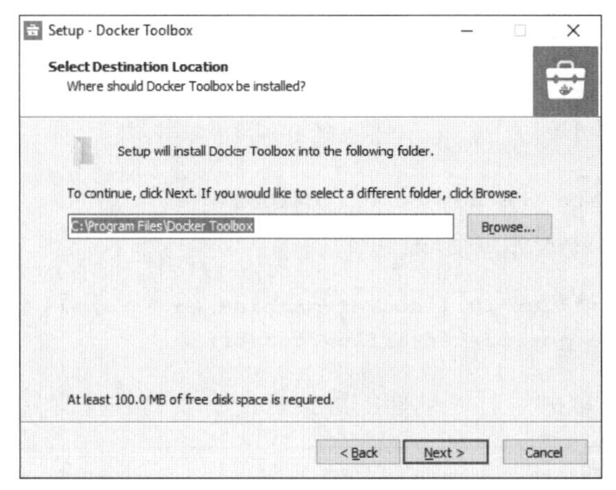

图 10-9　Docker 工具箱路径选择

然后选择我们安装所需要的组件，如图 10-10 所示。

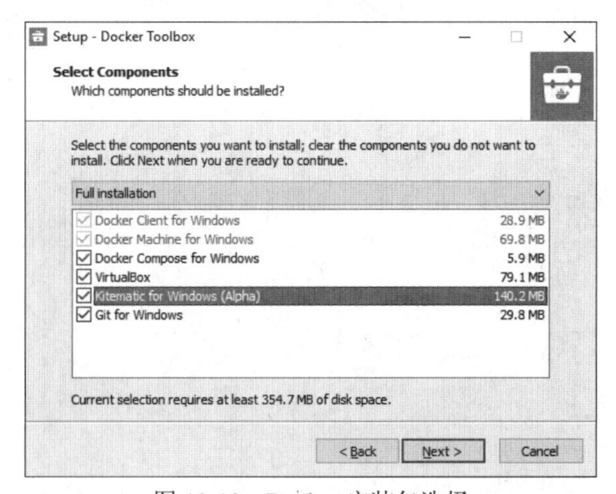

图 10-10　Docker 安装包选择

在各种安装操作完成之后，Docker 的安装也就完成了，如图 10-11 所示。

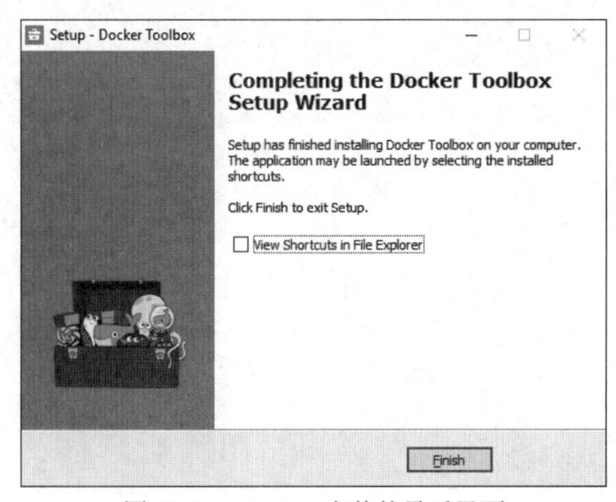

图 10-11　Docker 安装的最后界面

2. 创建 Docker 机器

为了创建一个机器，我们在 Docker 的终端执行如下命令：

```
docker-machine create vdocker -d virtualbox
```

然后，在命令窗口中输入如下命令：

```
    FOR /f "tokens=*" %i IN ('docker-machine env --shell cmd vdocker') DO
%i docker run -it b.gcr.io/tensorflow/tensorflo
```

该命令将会打印和读取并运行刚创建的虚拟机所需要的各种变量，如图 10-12 所示。

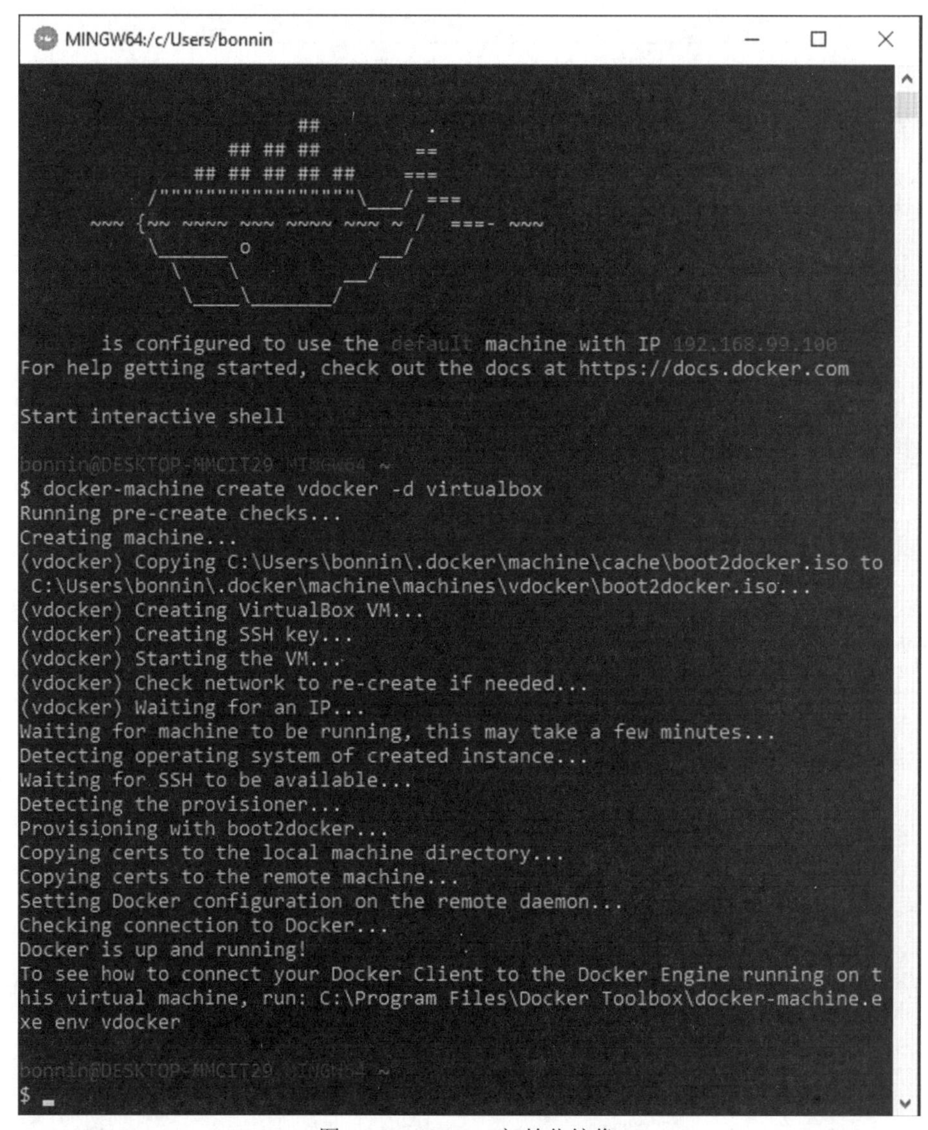

图 10-12　Docker 初始化镜像

然后，在安装好的 TensorFlow 容器中，我们就可以像之前在 Linux 中那样安装和运行 TensorFlow 了。

```
docker run -it -p 8888:8888 gcr.io/tensorflow/tensorflow
```

如果不想在 Jupyter 中运行，而是想直接在对话窗口中运行，你可以这样运行 Docker 镜像：

```
run -it -p 8888:8888 gcr.io/tensorflow/tensorflow bash
```

10.3 MacOS X 安装

现在我们开始安装 MacOS X 下的 TensorFlow。安装的过程跟 Linux 下类似。我们是基于 OS X E1 Captioan 版本。我们使用 Python 2.7，不用 GPU 支持。

本安装需要超级用户权限。

现在，我们安装 pip 包管理器，使用 easy_install 安装。easy_install 是 MacOS 下 Python 的包管理工具，默认包含在操作系统中。

在终端中执行以下命令，如图 10-13 所示。

```
$ sudo easy_install pip
```

图 10-13 使用 easy_install 安装 pip

然后我们安装六模块，这是一个兼容模块，用来帮助 Python 2 支持 Python 3 编程。安装六模块，执行如下命令，如图 10-14 所示。

```
$ sudo easy_install --upgrade six
```

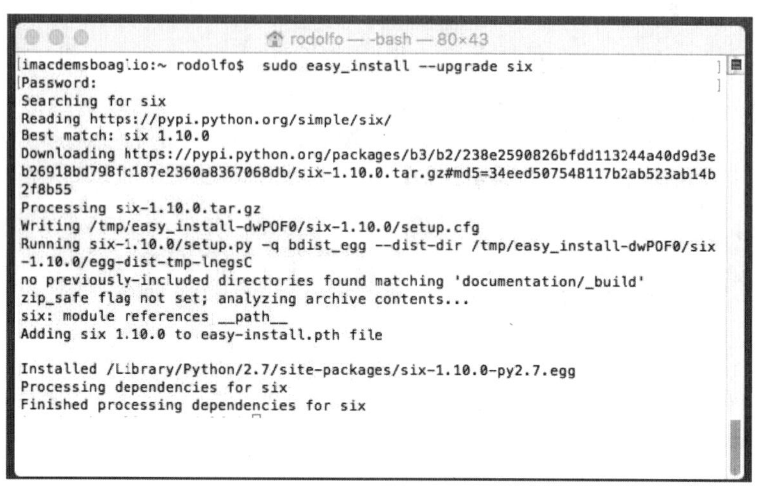

图 10-14　安装六模块

安装六模块之后，我们安装 TensorFlow 包，只要执行以下命令，如图 10-15 所示。

```
    sudo pip install -ignore-packages six
https://storage.googleapis.com/tensorflow/mac/cpu/tensorflow-0.10.0-py2-non
e-any.whl
```

图 10-15　安装 TensorFlow 包

然后我们安装 numpy 包，在 EI Caption 中需要此操作，如图 10-16 所示。

```
sudo easy_install numpy
```

```
rodolfo — -bash — 84×44
imacdemsboaglio:~ rodolfo$ sudo easy_install numpy
Password:
Searching for numpy
Best match: numpy 1.11.2
Adding numpy 1.11.2 to easy-install.pth file

Using /Library/Python/2.7/site-packages
Processing dependencies for numpy
Finished processing dependencies for numpy
```

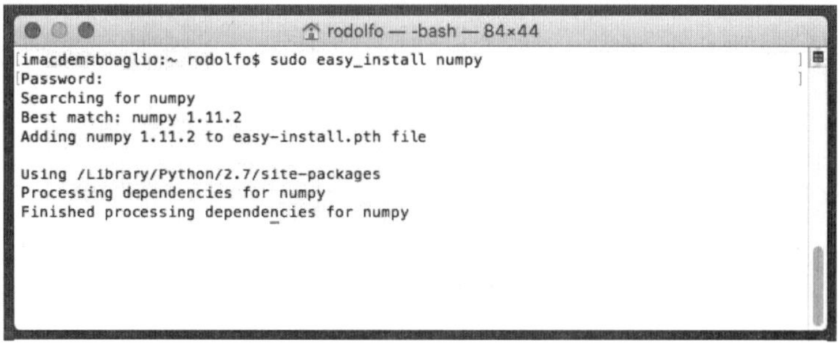

图 10-16 安装 numpy 包

之后我们就可以在 Python 中引入 TensorFlow 模块，并运行一些简单的例子了，如图 10-17 所示。

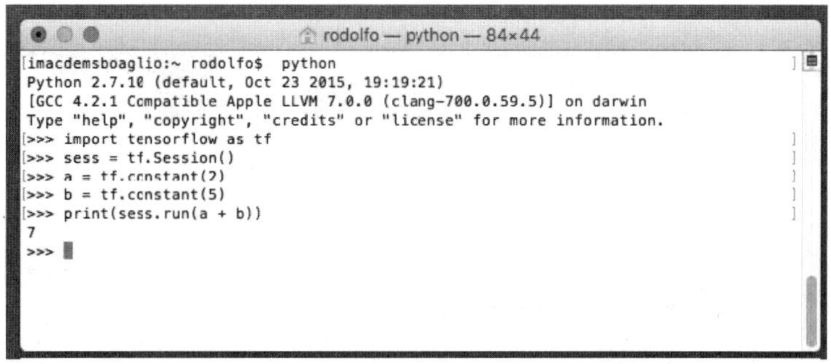

```
rodolfo — python — 84×44
imacdemsboaglio:~ rodolfo$  python
Python 2.7.10 (default, Oct 23 2015, 19:19:21)
[GCC 4.2.1 Compatible Apple LLVM 7.0.0 (clang-700.0.59.5)] on darwin
Type "help", "copyright", "credits" or "license" for more information.
>>> import tensorflow as tf
>>> sess = tf.Session()
>>> a = tf.constant(2)
>>> b = tf.constant(5)
>>> print(sess.run(a + b))
7
>>>
```

图 10-17 引入 TensorFlow 模块

10.4 小结

在本章中，我们学习了安装 TensorFlow 的几种办法。

有些架构和处理器在当前的 TensorFlow 中并不支持，但是每个月 TensorFlow 都在添加新的支持。让我们一起期待使用该技术的领域越来越多。

欢迎来到异步社区！

异步社区的来历

异步社区（www.epubit.com.cn）是人民邮电出版社旗下 IT 专业图书旗舰社区，于 2015 年 8 月上线运营。

异步社区依托于人民邮电出版社 20 余年的 IT 专业优质出版资源和编辑策划团队，打造传统出版与电子出版和自出版结合、纸质书与电子书结合、传统印刷与 POD 按需印刷结合的出版平台，提供最新技术资讯，为作者和读者打造交流互动的平台。

社区里都有什么？

购买图书

我们出版的图书涵盖主流 IT 技术，在编程语言、Web 技术、数据科学等领域有众多经典畅销图书。社区现已上线图书 1000 余种，电子书 400 多种，部分新书实现纸书、电子书同步出版。我们还会定期发布新书书讯。

下载资源

社区内提供随书附赠的资源，如书中的案例或程序源代码。

另外，社区还提供了大量的免费电子书，只要注册成为社区用户就可以免费下载。

与作译者互动

很多图书的作译者已经入驻社区，您可以关注他们，咨询技术问题；可以阅读不断更新的技术文章，听作译者和编辑畅聊好书背后有趣的故事；还可以参与社区的作者访谈栏目，向您关注的作者提出采访题目。

灵活优惠的购书

您可以方便地下单购买纸质图书或电子图书，纸质图书直接从人民邮电出版社书库发货，电子书提供多种阅读格式。

对于重磅新书，社区提供预售和新书首发服务，用户可以第一时间买到心仪的新书。

用户账户中的积分可以用于购书优惠。100 积分 =1 元，购买图书时，在  里填入可使用的积分数值，即可扣减相应金额。